南京医科大学学术著作出版资助项目

环形RNA的生物信息计算与应用研究

吴 静 宋晓峰 著

化学工业出版社

·北京·

内容简介

本书介绍了环形 RNA 全长转录本序列重构和定量算法 CircAST，该算法通过计算不同组织、不同疾病状态下环形 RNA 转录本完整的序列组成和内部结构以及对环形 RNA 基于转录本水平的精确定量，帮助研究者更有效地筛选出具有潜在功能的环形 RNA 可变剪接异构体，为更加精准地全面解析环形 RNA 全长转录本提供了重要的工具，对环形 RNA 功能的深入研究具有重要意义。

本书可供生物信息学、系统生物学、计算生物学等学科的研究人员参考，也可作为高等院校相关专业的教材或教学参考书。

图书在版编目（CIP）数据

环形 RNA 的生物信息计算与应用研究 / 吴静，宋晓峰著. —北京：化学工业出版社，2024.3
ISBN 978-7-122-44992-4

Ⅰ.①环…　Ⅱ.①吴…　②宋…　Ⅲ.①生物信息论
Ⅳ.①Q811.4

中国国家版本馆 CIP 数据核字（2024）第 039557 号

责任编辑：王　琰　　　　　　　文字编辑：张春娥
责任校对：王　静　　　　　　　装帧设计：关　飞

出版发行：化学工业出版社
　　　　　（北京市东城区青年湖南街 13 号　邮政编码 100011）
印　　装：北京建宏印刷有限公司
710mm×1000mm　1/16　印张 11½　字数 220 千字
2024 年 6 月北京第 1 版第 1 次印刷

购书咨询：010-64518888　　　　　售后服务：010-64518899
网　　址：http://www.cip.com.cn
凡购买本书，如有缺损质量问题，本社销售中心负责调换。

定　　价：128.00 元　　　　　　　版权所有　违者必究

前言

环形 RNA（circular RNA，circRNA），也称为环状 RNA，是一类经由反向剪接事件产生、以共价键连接形成封闭环状结构的特殊内源性非编码 RNA。近年来，研究发现环形 RNA 广泛存在于真核细胞内，且已证实某些环形 RNA 具有重要的生物学功能，包括充当 miRNA（微 RNA，小分子核糖核酸）分子海绵调控靶基因的表达、调控亲本基因转录和选择性剪接、翻译短肽等。同时，越来越多的研究发现环形 RNA 与包括癌症在内的多种重大疾病密切相关，有潜力成为疾病诊断的生物标志物或治疗的靶点。然而目前大多数环形 RNA 的功能仍不甚清楚，在转录组测序大数据基础之上利用现有的计算工具对环形 RNA 的反向剪接位点进行识别之后，进一步获取环形 RNA 转录本的全长序列并对可变剪接产物进行定量是环形 RNA 功能研究中的首要关键环节，对理解环形 RNA 转录本的多样性和表达模式、筛选有潜在生物学功能的环形 RNA 分子具有重要的意义。虽然已有研究在这方面做出了一些有益的尝试，但是仍存在许多亟待解决的问题。

本书针对环形 RNA 全长序列的组装和定量问题提出一种新的算法，并以此开展不同组织（小鼠睾丸和卵巢）以及不同状态的样本（人脑胶质瘤样本和对应的癌旁正常样本）环形 RNA 可变剪接异构体的相关研究，以验证算法在不同物种、不同组织的适用性。具体内容如下：

首先，为了解决环形 RNA 转录本全长序列组装问题，笔者提出一个基于多剪接图模型的算法 CircAST。该算法全面考虑环形 RNA 转录本的结构特点，利用转录组测序读段的比对信息，将环形 RNA 所有可变剪接事件通过多剪接图建模，并且将环形 RNA 转录本全长序列组装问题转化为扩展的最小路径覆盖（EMPC）问题，解决了转录本组装问题中外显子连接不确定性的核心难题。经模拟数据和真实数据测试，CircAST 算法在组装环形 RNA 全长转录本时有着较好的表现，在与 CIRCexplorer2、CIRI-full 等同类工具的比较中，也表现出较好的性能。

接着，针对环形 RNA 在转录本水平的定量问题，笔者提出了一种基于期望最大化（EM）算法估计环形 RNA 转录本表达量的方法，并将该定量功能增加到 CircAST 算法中。该方法以模型为基础考虑读段在同一基因的不同环形转录本上的分配，选取针对环形 RNA 定量的似然函数，通过期望最大化算法估计参数的值，从而实现转录本的表达丰度估计。模拟数据的测试结果表明，无论是绝对定量还是相对定量，算法都表现出了良好的性能，同时，对小鼠睾丸组织中的环形 RNA 转录本的定量结果进行 qPCR 实验，结果也验证了算法定量的准确性。

随后，为验证算法 CircAST 的实用性，将其应用于小鼠两个典型的生殖腺组织（睾丸和卵巢）的环形 RNA 测序数据，得到小鼠生殖腺组织中环形 RNA 全长转录本表达谱，并筛选出差异表达的环形 RNA 转录本和 mRNA 转录本，构建 circRNA-miRNA-mRNA 相互作用调控网络。此研究为更好地理解可变剪接事件导致的环形 RNA 转录本异构体在哺乳动物睾丸和卵巢中生物学功能的差异、深入研究睾丸和卵巢内的基因表达调控机制奠定了基础。

最后，基于环形 RNA 在癌症的发生发展中所扮演的重要角色，以胶质瘤为例，将 CircAST 应用于人类脑胶质瘤肿瘤样本和癌旁正常样本环形 RNA 测序数据，构建人脑胶质瘤样本中环形 RNA 全长转录本表达谱，筛选出在胶质瘤样本中显著上调和下调的环形转录本，分析可变剪接事件产生的环形 RNA 转录本可能的生物学功能，并构建了 circRNA 介导的竞争性内源 RNA 调控网络。此工作为探索人脑胶质瘤发生发展相关的环形 RNA 分子机制提供了研究基础，为人脑胶质瘤的临床诊断和治疗确定可能的分子标志物和治疗靶点提供科学的参考依据。

本专著研究开发的算法 CircAST 为更加精准地全面解析环形 RNA 全长转录本提供了重要的工具，通过计算不同组织、不同疾病状态下环形 RNA 转录本完整的序列组成和内部结构，以及对环形 RNA 基于转录本水平的精确定量，可以帮助研究者更有效地筛选出具有潜在功能的环形 RNA 可变剪接异构体，对环形 RNA 功能的深入研究具有重要意义。

本著作的研究得到南京医科大学学术著作出版项目、国家自然科学基金青年项目（No.61901225）、国家自然科学基金面上项目（No.62273175）的资助，在此表示衷心感谢。

由于我们的理论水平及实践经验有限，书中疏漏和不足之处在所难免，恳请读者给予批评指正。

作者
2024 年 1 月

目录

第1章

绪　论

1.1 环形RNA概述

环形 RNA（circular RNA，circRNA），也称为环状 RNA，是一类不具有 5'- 末端帽子和 3'- 末端 poly（A）尾巴、以共价键连接形成封闭环状结构的特殊内源性非编码 RNA 分子[1]。20 世纪 70 年代人们利用电镜技术首次在植物感染的类病毒中发现环形 RNA[2]，随后的十多年里，人们又陆续在酵母线粒体、丁型肝炎病毒（hepatitis D virus，HDV）、23S rRNA 等样本中发现了环形 RNA 的存在[3-6]，在小鼠睾丸内发现了由（Y 染色体性别决定区（sex-determining region of Y，SRY）转录而来的环形 RNA[7]，还证实了人体细胞中也存在环形 RNA[8]。由于特殊的分子结构和较低的表达丰度，环形 RNA 在很长一段时间内都被认为是错误剪接的副产物，因而对它们的研究进展缓慢。近年来，随着高通量 RNA 测序（RNA-seq）技术的发展和环形 RNA 特异的生物信息学工具的开发，人们在真菌、原生生物、植物、蠕虫、鱼类、昆虫和哺乳动物等真核生物中陆续鉴定出成千上万个环形 RNA[9-13]，并发现它们具有组织特异性、细胞特异性和发育阶段特异性的表达模式[12,14,15]。因此，环形 RNA 的研究也越来越受到学者的重视。

环形 RNA 是 mRNA 前体（precursor messenger RNA，pre-mRNA）经反向剪接（下游剪接位点反向与上游剪接位点共价连接）形成的，虽然存在极少数例外的情形，通常环形 RNA 还是被认为来自经典的剪接[16]。目前的研究表明，环形 RNA 的生成机制主要有以下三种（图 1.1）：①内含子配对驱动成环（intron-pairing-driven circularization）。形成环形 RNA 的前体序列两侧内含子上存在反向互补序列（例如 ALU 重复序列），拉近了原本较远的反向剪接的供体位点与受体位点，促进了环形 RNA 的形成[11,17-19]。②套索驱动成环（lariat-driven circularization）。mRNA 前体的转录过程中由于 RNA 发生了部分折叠，拉近了原本非相邻的外显子，从而发生了外显子跳跃（exon skipping，ES），一个外显子的 3'- 剪接供体（splice donor，SD）与同一外显子或上游外显子的 5'- 剪接受体（splice acceptor，SA）共价结合形成由外显子构成的环形 RNA[20,21]。③ RNA 结合蛋白（RNA-binding protein，RBP）介导的成环（RBP-driven circularization）。环化外显子两端的侧翼内含子含有 RNA 结合蛋白识别的基序，RNA 结合蛋白与这些特异基序结合形成二聚体，促进两翼内含子互相靠近，进而连接成环[18,22]。

根据其来源和序列构成的不同，环形 RNA 可分为三种常见的类型：外显子环形 RNA（exonic circRNA，ecircRNA）[23–25]、内含子环形 RNA（circular intronic RNA，ciRNA）[26] 以及外显子 - 内含子环形 RNA（exon-intron circRNA，EIciRNA）[12]。其中，外显子环形 RNA 主要存在于细胞质中，是最常见的环形 RNA 类型，占目前已知环形 RNA 的80%以上，其他两类环形 RNA 主要存在于细胞核中。这些环形 RNA 分子有着自己独特的产生方式，同时越来越多的证据表明，它们并不是错误剪接的副产物，而是具有重要功能的生物大分子，在许多重大疾病（如糖尿病、神经系统疾病、心血管疾病和癌症等）的发生发展中扮演着重要角色[27–33]。

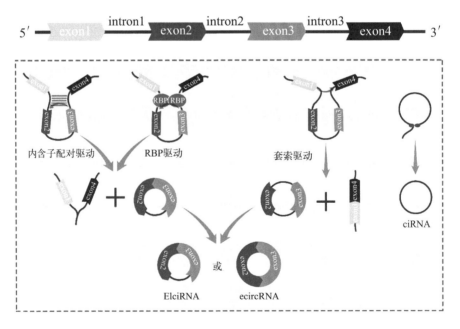

图1.1　环形RNA的生成机制

exon为外显子；intron为内含子

1.2 环形RNA的生物学功能

现有的研究表明，环形 RNA 在生物的生长发育、胁迫应答、疾病发生发展等方面发挥着重要的生物学功能，会成为新型的疾病临床诊断标志物或人类疾病治疗的潜在靶点 [34]。目前已确认的环形 RNA 生物学功能主要有：作为 miRNA 分子海绵抑制 miRNA 的活性，参与基因转录调控，作为蛋白质分子的海绵体与蛋白质的相互作用发挥效应，作为信使 RNA 来编码蛋白质等（图 1.2）[25,26,35,36]，下面进行详细介绍。

环形 RNA 的一个最典型的生物学功能是能够充当 miRNA 的海绵，吸附并调控 miRNA 的活性。研究表明，环形 RNA 是竞争性内源 RNA（competitive endogenous RNA，ceRNA）的重要成员，其分子富含 miRNA 结合位点，在细胞中可竞争结合 miRNA，降低 miRNA 对其靶基因的抑制作用，升高靶基因的表达水平 [37,38]。例如，在人和小鼠的脑中高表达的反义小脑变性相关蛋白 1 转录物（antisense to the cerebellar degeneration-related protein 1 transcript，CDR1as），含有 73 个 miR-7 结合位点，进而其可以作为 miR-7 分子海绵，因此 CDR1as 也被称为 ciRS-7（circular RNA sponge for miR-7）[25,36]。此外，根据 AGO2 的 CLIP-seq（紫外交联免疫沉淀高通量测序）数据发现，在小鼠脑组织中 CDR1as 能够吸附 miR-7 和 miR-671[39]，但不同于 miR-7 只有 5'- 端的部分序列与 CDR1as 互补配对，miR-671 有一个与 CDR1as 几乎完全互补的结合位点，这表明 miR-671 可能参与沉默调控 CDR1as，并释放 CDR1as 上结合的 miR-7。最近报道的对敲除 CDR1as 小鼠的研究揭示了 miR-7 与 CDR1as 结合的功能结果 [39]，研究发现，CDR1as 敲除小鼠中 miR-7 水平显著下降，而 miR-671 水平增加，表明这种环形 RNA 的存在稳定了 miR-7 但破坏了 miR-671 的稳定性。因此，CDR1as 可能在特定的信号下调节 miR-7 的存储和释放。

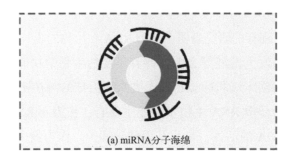

(a) miRNA分子海绵

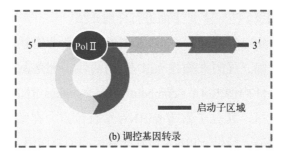

(b) 调控基因转录

(c) 蛋白质分子海绵

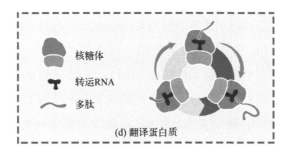

(d) 翻译蛋白质

图1.2　环形RNA的功能
RBP为RNA结合蛋白

还有一些环形 RNA 与 miRNA 相互作用的其他例子[40]。例如，circSry 含有 miR-138 的 16 个结合位点，能竞争性结合 miR-138，但这种相互作用的生理重要性尚未确定[36]。此外，许多其他的报道也提示环形 RNA 和 miRNAs 的相互作用，但是这些作用关系还没有被生物化学实验所证实。例如，circHIPK3 已被描述与九种不同的 miRNA（miR-124、miR-152、miR-193a、miR-29a、miR-29b、miR-338、miR-379、miR-584 和 miR-654）相互作用并调节细胞生长[41]；circ-Foxo3 被报道通过吸附调节 Foxo3 mRNA 产生的特定 miRNA 来调节细胞生长[42]；含有 E3 泛素蛋白连接酶（ITCH）外显子的环形 RNA circITCH 被报道能够结合 miR-7 以及 miR-214，通过下调 β- 连环蛋白（β-Catenin）抑制肿瘤的增殖[43]；circBIRC6 被报道可以通过竞争性结合人胚胎干细胞（hESC）中的 miR-34 和 miR-145 来维持干细胞的多能性并抑制其分化等[44]。

环形 RNA 还可以调控基因转录。Li 等[45] 发现 HeLa 和 HEK293 细胞中两个外显子 - 内含子环形 RNA（EIciRNA）circEIF3J 和 circPAIP2 都可以与抗 U1 小核糖核蛋白抗体（U1 snRNP）结合，进一步与 RNA 聚合酶 II（RNA polymerase II，Pol II）相互作用，增强其宿主基因的表达。因此，EIciRNA 可以在正反馈调控中发挥重要作用。此外，内含子环形 RNA（ciRNA）也具有调控基因转录的功能。Zhang 等[26] 发现 ci-ankrd52 和 ci-sirt7 也可以通过与 Pol II 相互作用，作为其宿主基因转录的正调控因子发挥作用。这些发现表明，一些含有内含子的环形 RNA（如 EIciRNA 和 ciRNA）可能会在细胞核内调控宿主基因的转录。

环形 RNA 也可以作为蛋白质分子的海绵体，通过与蛋白质的相互作用发挥功能。环形 RNA 作为蛋白质海绵体发挥作用的最早例子来自对黑腹果蝇中编码盲肌蛋白（mbl）的剪接因子蛋白基因的研究[46]。mbl 是人类盲肌样蛋白 1（由 MBNL1 编码）的同源物，能在黑腹果蝇和人类中促进环形 RNA circMbl 的生成，且生成的 circMbl 上含有 mbl 和 MBNL1 的结合位点。此外，

circMbl 侧翼的内含子也含有许多 mbl（或 MBNL1）结合位点，mbl（或 MBNL1）的结合又促进新生 RNA 的环化，从而促进 circMbl 的生物发生。因此，可能存在一种自动调节回路，过量的 mbl 或 MBNL1 通过促进环形 RNA 生成而减少其自身 mRNA 的产生，并且环形 RNA 通过与 mbl 或 MBNL1 的连接促进基因的线性剪接。还有一些环形 RNA，如 circPABPN1 和 circANRIL，也能够与蛋白质相互作用抑制翻译进程。circPABPN1 通过隔离人宫颈癌 HeLa 细胞中的 RBP Hu 抗原 R（HUR）抑制核内多聚腺苷酸结合蛋白 1（polyadenylate binding-protein nuclear 1，PABPN1）mRNA 的翻译 [47]；circANRIL 通过与人类血管平滑肌细胞和巨噬细胞中的 60S 核糖体组装必需因子 pescadillo 同源物 1（PES1）结合，破坏 pre-rRNA 加工和核糖体的生物发生，从而激活 p53[29]。还有研究表明，一些环形 RNA，如 circAmotl1 和 circ-Foxo3，可以作为蛋白质支架发挥作用，以促进酶及其底物的共定位。circAmotl1 可物理结合 3- 磷酸肌醇依赖性蛋白激酶 1（3-phosphoinositide-dependent protein kinase-1，PDK1/PDPK1）和 AKT1，并可促进 PDK1 依赖的 AKT1 磷酸化，AKT1 随后转运至细胞核，在小鼠模型中显示其具有心脏保护作用 [48]；circ-Foxo3 上同时存在双微体同源基因（mouse double-minute 2，MDM2）和 p53 的结合位点，circ-Foxo3 结合 MDM2 后可以促进其对 p53 的泛素化作用，导致 p53 蛋白的整体降解 [42,49]。最后，环形 RNA 会将特定蛋白质招募到特定的细胞位置，如来源于基因 FLI1 的环形 RNA FECR1，它能够将去甲基化酶 TET1 招募到 FLI1 的启动子区域，使 FLI1 基因 CpG 岛区域产生广泛的去甲基化作用 [50]。

翻译蛋白质也是环形 RNA 重要的生物学功能之一。环形 RNA 没有 5′- 端帽子和 poly（A）尾巴，缺乏帽依赖性翻译的必要元素。然而，已有研究证明某些环形 RNA 可通过内部核糖体进入位点（internal ribosome entry site，IRES）或者在 5′ 非翻译区域（UTR）加入 N^6- 甲基腺嘌呤（N^6-methyladenosine，m6A）RNA 修饰来驱动非帽依赖性的翻译 [51–53]。Pamudurti 等 [54] 利用核糖体印迹、质谱和细胞分析在果蝇的大脑组织和哺乳动物肌肉细胞中证明了部分环形 RNA 可翻译蛋白质，可翻译的环形 RNA 趋向于使用宿主 mRNA 的起始密码子，被膜相关核糖体结合，而终止密码子是进化保守的，且是环形开放阅读框所特有的。Legnini 等 [55] 发现了 circ-ZNF609 在小鼠和人类骨骼肌中的翻译行为，circ-ZNF609 是由 ZNF609 基因的第二外显子独自反向剪接形成，具有开放阅读框，其两端分别含有起始密码子和终止密码子，通过多核糖体翻译产生蛋白质。Yang 等 [56] 在癌细胞系和人成纤细胞中鉴定出由一部分环形 RNA 产生的几种小肽，此外，他们还发现起始密码子上游的基序 RRACH（其中 R 表示 G 或 A，H 表示 A、C 或 U）中的 A 被甲基化时，可以增强环形 RNA 的翻译。Zhao 等 [57] 在被人乳头瘤病毒 16 型（human papillomavirus 16，HPV16）病毒感染的组织中发现了表达异常的环形 RNA circE7，其经 m^6A 修饰后可以翻译 E7 蛋白，该蛋白质能促进人乳头瘤细胞的增殖。虽然有数千种环形 RNA 被预测含有上游 IRES 和潜在的开放阅读框（open reading frame，ORF）[58]，但迄今为止，只有少数的内源性环形 RNA，如 circ-ZNF609、circMbl、circ-FBXW7、circPINTexon2 和 circ-SHPRH，被证明能够真正作为蛋白质编码模板 [54-56,59-61]。分别由 circ-FBXW7、circPINTexon2 和 circ-SHPRH 翻译的蛋白 FBXW-185aa、PINT87aa 和 SHPRH-146aa 被认为在人类胶质母细胞瘤中起到肿瘤抑制作用 [59-61]。FBXW-185aa 蛋白通过竞争性结合 USP28 泛素化蛋白促进原癌基因 c-Myc 的降解 [59]；PINT87aa 通过结合聚合酶相关因子复合物基因 PAF1，抑制多种致癌基因的转录延伸 [61]；SHPRH-146aa 蛋白可保护全长 E3 泛素蛋白连接酶 SHPRH 蛋白不被 DTL 泛素化并降解，从而在体内促进增殖细胞核抗原转化 [60]。相较于环形 RNA 的 miRNA 海绵效应的研究，环形 RNA 翻译多肽的研究起步较晚，因此大多数环形 RNA 所产生的肽段的功能也仍然未知，但环形 RNA 翻译研究开启了环形 RNA 研究的新篇章，随着研究的不断深入，生命科学领域将取得更大的发展。

1.3 环形RNA的识别计算

从海量转录组数据中识别环形 RNA 分子，是研究环形 RNA 组成及功能的首要环节。在过去的十年中，研究者们开发了一系列计算工具，用于检测高通量 RNA-seq 数据集中的环形 RNA。早期的环形 RNA 识别方法主要是利用环形 RNA 特有结构——反向剪接序列特征进行识别，根据环形 RNA 检测和过滤的策略，这些方法可大致分为两类：基于基因注释的检测和从头检测。

基于基因注释的检测通常采用两种策略，如图 1.3 所示，一是所有测序的读段与参考基因组直接比对，含有反向剪接位点的读段被分裂成片段后会反序比对到基因组参考序列，该方法被称为是基于序列读段分裂比对的方法（split-alignment-based approach）[62] [图 1.3（a）]，代表性工具有 MapSplice[63]、CIRCexplorer[19,64]、DCC[65] 和 UROBORUS[66] 等。MapSplice 先将 RNA-seq 数据映射到参考基因组以检测完全能比对到外显子或经典剪接位点的读段，然后集中未能比对的读段检测所谓的融合连接读段，包括不同类型的非常规连接读段，当然也包括反向剪接的读段。随后根据表达值将可能的环形 RNA 候选对象分为几个类别，对每一类别采用不同的方法进一步处理和过滤后，筛选出最终的环形 RNA。CIRCexplorer 也采用了两阶段比对和检测策略，与这一类别的其他工具相比，该工具仅依赖 TopHat2/TopHat-Fusion[67] 来识别环形 RNA，其先过滤掉第一阶段中能够由 TopHat2 成功比对到参考基因组的所有读段，然后使用 TopHat-Fusion 对剩余读段进行第二次比对，只有被检测到反向剪接顺序的读段才会进一步确定剪接供体和受体位点的确切位置。DCC 使用 STAR[68] 作为比对软件，在生成的 Chimeric.out.junction 文件中进一步筛选包含反向剪接位点的读段。该工具通过使用双端测序数据来提高其灵敏度，并通过不同的过滤方法来减少假阳性候选环形 RNA 的数量。UROBORUS 也采用了多阶段比对策略，首先使用 TopHat2 及 Bowtie[69] 识别跨越反向剪接位点的片段（junction reads），获取 unmapped.sam 文件中两端 20 bp 的序列，构建人工的双端序列再次比对到参考基因组上。根据跨越反向剪接位点读段两端的 20 bp 片段是否能完全比对将其分为平衡比对位点（balanced mapped junction，BMJ）和不平衡比对位点（unbalanced mapped junction，UMJ），采用不同的策略对两个集合中的读段进行过滤，产生候选环形 RNA，最后再次使用 Bowtie 比对到参考基因组上，过滤掉不在同一条染色体上的双端读段，确定最终的环形 RNA。基于参考基因组的检测的第二种策略是将参考基因组序列与相应的基因组注释相结合，先构建假定的反向剪接位点周围的伪序列，再将测序数据比对到伪序列上从而识别真正的反向剪接位点，该方法被称为是基于伪序列比对的方法（pseudo-reference-based approach）[62]［图 1.3（b）］，代表性工具有 KNIFE[70]、NCLscan[71] 等。KNIFE 内部使用 Bowtie2[72] 作为比对工具，比对的伪序列包含了所有可能的外显子 - 外显子正向连接和反向连接，此外，KNIFE 还考虑了基于比对质量和读取质量的读段分数，特别适用于没有配对端信息的单端数据。最后根据伪序列比对结果和打分情况，用统计学方法找出环形 RNA。NCLscan 则是针对所有的非线性转录物（融

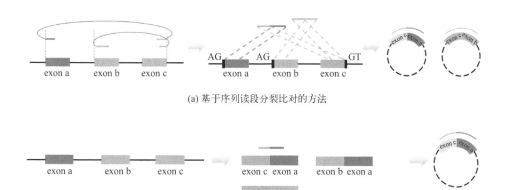

(a) 基于序列读段分裂比对的方法

(b) 基于伪序列比对的方法

图1.3　环形RNA的识别策略

exon为外显子

合、反式剪接和环形 RNA）进行鉴定，其最大的特点是克服了融合事件的干扰，在灵敏度和准确度之间进行了平衡。

近年来，研究者也陆续开发了不依赖基因注释即从头检测的工具，代表性工具有 find_circ[25] 和 CIRI[73,74] 等，它们基本都是采用基于序列读段分裂比对的方法。find_circ 首先利用比对工具将所有的读段比对到参考基因组，过滤全部比对的读段，对于未比对的读段，分别在其 5'- 端和 3'- 端取一部分序列，即 5'- 锚点和 3'- 锚点，如果两个序列比对的位置是相反的，这条读段就可能包含反向剪接位点。然后将锚定序列一直延伸，延伸至连接处为止，如果序列都能够完全匹配，再检查连接点处的剪接模式是否符合 AG-GT 模式，如果以上条件都满足，就认定这是一个环形 RNA。CIRI 分析 BWA-MEM[75] 的比对结果，根据包含反向剪接位点读段的不同覆盖情况构建了三种模型，采用了一种新的基于成对交叉剪接（paired chiastic clipping）信号识别的算法识别环形 RNA，并结合了系统的筛选策略以去除假阳性。

总的来说，基于注释的检测方法在环形 RNA 反向剪接位点的鉴定中更为可靠，但限制了它们在缺乏完整基因组注释的物种上的应用。相比之下，不依赖注释或从头检测的方法可用于更广泛范围的不同物种的 RNA 样本，并检测用于假设生成和实验验证的新的候选环形 RNA，但需要更有效的策略来提高检测和过滤过程中的灵敏度和准确度 [73,76]。由于每种方法都有其自身的优点和局限性，并提供不同的结果，近年来，也有一些工具如 RAISE[77]、CirComPara[78] 和 circ_battle[79]，它们结合了几种当前稳定的工具，以降低假阳性率并提高识别环形 RNA 的可靠性。同时，还有一些新工具，如 PredicircRNATool [80]、DeepCirCode[81] 和 circDeep[82]，它们应用机器学习技术，通过学习真实环形 RNA 的特征、训练分类模型来预测环形 RNA。常规的特征包括 ALU 重复序列、结构基序和序列基序等，随着对环形 RNA 的了解越来越多，更多的特征可以作为机器学习的输入来建立更可靠的分类模型，也有更多的规则用来过滤假阳性环形 RNA。

本部分所有工具的详细信息见表1.1。

表 1.1　环形RNA识别工具

工具名称	数据类型	是否基于基因注释	编程语言	比对工具	相关文献
MapSplice	SE，PE	是	Python	Bowtie	[63]
CIRCexplorer	SE，PE	是	Python	TopHat2，STAR	[19,64]
DCC	SE，PE	是	Python	STAR	[65]
UROBORUS	SE，PE	是	Perl	TopHat2，Bowtie	[66]
KNIFE	SE，PE	是	Python，Perl,R	Bowtie，Bowtie2	[70]
NCLscan	PE	是	Python,C++	BWA，BLAT	[71]
find_circ	SE	否	Python	Bowtie2	[25]
CIRI	SE，PE	否	Perl	BWA	[73,74]
RAISE	SE，PE	是	Shell	—	[77]
CirComPara	SE，PE	是	Python,R	—	[78]
circ_battle	SE，PE	是	—	—	[79]
PredicircRNATool	—	是	Matlab	—	[80]
DeepCirCode	—	是	R	—	[81]
circDeep	—	是	Python	—	[82]

注：SE指单端测序数据，PE指双端测序数据。

1.4　环形RNA内部结构的探索及定量估计研究

已有的研究发现，环形 RNA 内部普遍存在着可变剪接事件，包括四种类型，即外显子跳跃（ES）、内含子保留（intron retention，IR）、可变 5′- 剪接位点（alternative 5′ splicing site，A5SS）及可变 3′- 剪接位点（alternative 3′-splicing site，A3SS）[64,83]。因此，一个基因位点可以通过选择性反向剪接产生多个具有不同剪接供体和受体的环形 RNA，称为可变环化（alternative circularization）[11,12,19] ［图 1.4（a）］，同时，具有相同剪接供体和受体的环形 RNA 也可以通过内部的选择性剪接而产生多个不同序列的可变剪接异构体[83][图 1.4（b）]，这增加了环形 RNA 的多样性，也说明了环形 RNA 有着复杂的形成机制。

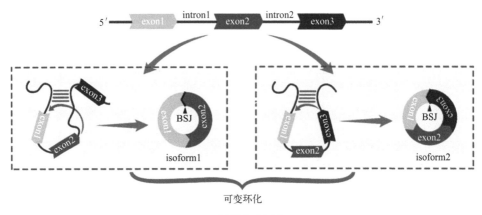

(a) 可变环化示意图

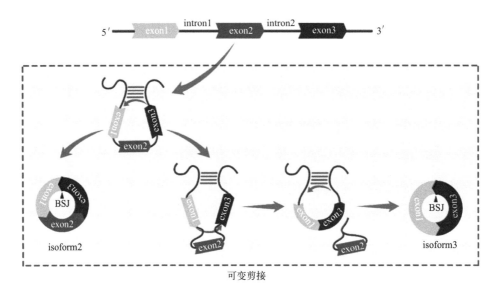

(b) 环形RNA内部可变剪接示意图

图1.4　环形RNA可变环化与可变剪接示意图

exon为外显子；isoform为异构体；BSJ为反向剪接位点（back-spliced junction）

无论是对环形 RNA 特定生物学功能的研究，还是对环形 RNA 的进化保守性分析，都需要首先知道环形 RNA 的内部序列是什么。然而，反向剪接位点的坐标并不能提供环形 RNA 的实际全长序列，且由于环形 RNA 和线性 RNA 结构的不同，用线性转录本的重构工具（如 Cufflinks[84]、StringTie[85]、TransComb[86] 等）来完成环形 RNA 转录本的组装显然是不合适的。在缺乏合适工具的情况下，一些研究就不考虑环形 RNA 内部的可变剪接事件，而简单地把 mRNA 中的外显子按照其在基因组中的顺序排列在两个反向剪接的外显子中，以此作为该环形 RNA 的全长序列 [19,40]，这样的做法也是不合适的。事实上，研究者已发现环形 RNA 与线性的 mRNA 存在不完全相同的外显子和剪接事件 [83]，且有些环形 RNA 已被证实是来自内含子区域 [26]，简单组合外显子来构造环形 RNA 全长序列的方法显然不能真实反映实际剪接事件，所以针对环形 RNA 内部结构预测全长转录本序列的计算方法对于研究环形 RNA 的功能是非常必要的。

最近几年陆续有工具被开发用于环形 RNA 内部可变剪接事件的识别及其序列重构，这些可用的工具大多数都是对已发表的环形 RNA 检测工具的补充。2016 年，Gao 等 [83] 利用长读长测序数据，设计出一种新的整合环形 RNA 结构与序列信息的检测工具 CIRI-AS，深入研究了环形 RNA 可变剪接形成的内部结构，发现了环形 RNA 中普遍存在的四种可变剪接类型（即外显子跳跃、内含子保留、可变 5′- 剪接位点以及可变 3′- 剪接位点），阐述了环形 RNA 的可变剪接可能具有与 mRNA 剪接不同的调控机制。与此同时，Zhang 等 [64] 利用其所开发的工具 CIRCexplorer2 发现环形 RNA 可变剪接事件的复杂性和多样性。CIRCexplorer2 虽然可组装出环形 RNA 的全长序列，但是其组装过程依赖线性转录本的组装工具 Cufflinks，导致结果中存在着一定的假阳性。2017 年，Metge 等 [87] 开发了工具 FUCHS，该工具可直接处理 DCC 数据，是对 DCC 的补充，不过也支持 CIRI 和其他工具检测的 BED 格式的反向剪接位点坐标。FUCHS 分析了环形 RNA 结构的不同方面，包括选择性剪接事件、双端读段覆盖反向剪接位点（一次 / 两次）、每个环形 RNA 的覆盖谱以及环形 RNA 全局的度量，如外显子数、长度、异构体情况。同年，Ye 等 [88] 发表环形 RNA 组装工具 circseq-cup，该方法利用测序数据一次性完成环形 RNA 的识别和组装，减少了上游识别软件可能带来的误差，但遗憾的是由于读段长度的限制，其也只能重构出一小部分环形 RNA 的全长序列，无法组装较长的环形 RNA。

除了全长序列的重构，表达量估计也是环形 RNA 研究中的一个重要的问题，同样有不少学者进行了研究。Dieterich 等 [65] 于 2016 年发表工具套装 DCC 和 CircTest，分别用于环形 RNA 的鉴定和定量。DCC 除了识别出环形 RNA 外，还通过比较包含反向剪接位点读段和不包含反向剪接位点读段的数量得出环形 RNA 与其宿主线性 RNA 之间表达量的关系，然后由 CircTest 采用统计学方法得出不同样本中环形 RNA 表达量的差异。同年年底，Conrad 等 [89] 发表工具 Acfs，该工具在识别环形 RNA 后建立索引，然后将读段重新比对到该索引上进行定量。该方法能够不依赖基因组注释做到无偏比对，且尽可能地利用所有潜在的剪接位点而不局限于经典的剪接位点 GU-AG，并通过最大熵模型来考虑可能性和权重，故能发现更多的覆盖反向剪接位点的读段，减小了因部分读段的疏漏而带来的定量计算的误差。然而上述两个工具本质上依然是根据覆盖反向剪接位点读段的量来确定环形 RNA 表达量的高低，也就是基于反向剪接位点（BSJ）水平的定量。这种方法存在着明显的缺点：首先，定量的准确性受上游环形 RNA 鉴定软件灵敏度和准确度的影响；其次，其不能在转录本的水平上进行定量，而没有转录本的精确定量也就没有基因表达水平的精确估计，这将直接影响基因功能的研究。在针对线性转录本的定量研究中，已有文献指出以计数为基础（count-based）的方法的缺陷 [90]，而以模型为基础（model-based）的方法能考虑读段在同一基因的不同转录本上的分配，通过实现转录本的定量来估计基因的表达水平，因而更准确。基于此，Li 等 [91]2017 年发表工具 Sailfish-cir，该工具先把环形转录本转化为拟线性转录本，然后调用线性转录本定量工具 Sailfish[92] 来实现环形转录本和线性转录本的同时定量。该工具虽然在一定程度上实现了环形转录本的定量，但模型依赖环形转录本和线性转录本特有的序列，在定量外显子来源的环形 RNA 时有一定的局限性。2020 年，Ma 等[93] 开发了 3.0 版本的 CIRCexplorer 分析新流程 CLEAR，用于环形 RNA 与线性 RNA 直接定量比较。为了解决原有的环形 RNA 定量标准每百万映射读段中的片段（fragments per million mapped fragments，FPM）与线性 RNA 定量标准每百万映射读段中每千个碱基的转录物的片段（fragments per kilobase of transcript per million read pairs，FPKM）不一致而导致它们无法直接比较的问题，研究人员定义了新的定量参数每十亿映射碱基中的片段（fragments per billion mapped bases，FPB），通过跨越反向剪接位点的读段计算环形 RNA 的表达（FPB_{circ}），同时通过跨越正常剪接位点的读段计算线性 RNA 的表达（FPB_{linear}），然后计算这两者之间的比值获得 CIRCscore，以此表征环形 RNA 相对于线性 RNA 的表达水平。相对于原来的定量标准，新定义的 FPB 不受测序读长和测序策略的影响，因此可以对不同测序长度、测序深度和利用不同测序策略的样本进行比较；同时，指标 CIRCscore 能进一步去除线性 RNA 表达背景的影响而对环形 RNA 进行相对定量，但是该方法依然属于基于反向剪接位点水平的定量，不能对环形 RNA 实现转录本水平的定量。

　　环形 RNA 转录本组装与定量是相互关联的两个问题，因此，Zheng 等[94] 发表了利用长读长测序数据进行环形 RNA 转录本重构与定量的方法 CIRI-full。该方法通过结合环形 RNA 转录本测序中的反向重叠区和反向剪接位点的特征获得全长序列，并在此基础上实现环形转录本的定量。该研究呈现了环形转录本更加细致的内部结构，并实现了环形 RNA 中不同剪接转录本的定量。然而，该方法只适用于长读长的环形 RNA 双端测序数据，一般要求至少 250bp 读长，且其能重构的环形转录本长度大多在 600bp 以内，如环形 RNA 的反向剪接位点中包含多个外显子且转录本的长度较长（大于 600bp），CIRI-full 就无法对其进行重构和定量。2020 年，Zhang 等[95] 发表工具 CIRIquant，也可对环形 RNA 转录本进行识别和定量，并为环形 RNA 的差异表达分析提供了便捷的一站式分析工具，但是同 CIRI-full 一样，CIRIquant 的运行需要相当大的内存支持，普通的计算平台无法运行。

环形 RNA 全长序列组装及可变剪接体定量问题是环形 RNA 研究中的关键问题，缺乏准确的序列构成和精确的表达量估计直接限制了研究者们对环形 RNA 多样性和表达模式的理解，也严重影响了对环形 RNA 生物学功能的深入研究。虽然近几年已有研究做出了一些有益的尝试，但是该问题仍未彻底、有效解决，实际研究中仍然需要一款可靠的、集组装与定量为一体的、适用二代测序普通读长数据的环形 RNA 分析工具。为了应对这一挑战，笔者开发了一种新的基于核糖核酸外切酶（核糖核酸酶 R，ribonuclease R，RNase R）数据的、可对接多种上游环形 RNA 识别工具的计算方法 CircAST[96]，用于组装环形 RNA 全长转录本并对其表达水平进行定量估计。完整的序列组成可提供环形 RNA 除反向剪接位点之外更加详细的信息，在研究环形 RNA 与 miRNA、蛋白质结合位点时必不可少，对研究特定环形 RNA 转录本的功能、进化保守性分析等尤为重要；而 CircAST 精确的定量功能可以让研究者得到拥有多个剪接异构体的环形 RNA 中不同剪接产物的表达量，进而通过差异表达分析可以更准确地获得环形 RNA 不同剪接形式导致的功能差异。

所以，本专著的研究可以为环形 RNA 的研究提供可靠的工具，通过对环形 RNA 更加全面细致的内部结构展现以及各可变剪接体更加精确的表达量估计，使得研究者们可以更清楚全面地了解环形 RNA 在生物体内的表达特征，帮助他们筛选具有潜在生物学功能的环形 RNA 分子，以深入了解环形 RNA 的功能和作用机制，对环形 RNA 的研究具有重要意义。

第2章

环形RNA全长转录本序列组装的计算研究

2.1 引言

新一代高通量测序技术的迅猛发展和广泛应用，将环形RNA的研究带入了大数据时代，大型的环形RNA数据集被快速积累，多个环形RNA数据库被建立[58,97,98]。在证实了环形RNA在真核生物中普遍存在后，大量的研究已转向对环形RNA产生机制和生物学功能的研究。现有的研究成果揭示了环形RNA在许多生物学过程中发挥着重要的作用，包括充当miRNA分子的海绵体、充当转录调节因子、调控亲本基因表达等。随着研究的深入，人们又陆续发现环形RNA上广泛存在m^6A修饰，能促进环形RNA的翻译；与此同时，环形RNA在先天免疫过程中具有重要功能，并且在多种疾病的发生发展中都扮演着重要角色。作为一类特殊闭环结构的内源性非编码RNA，环形RNA在生物系统调控和疾病发生发展过程中的意义不断被扩展，这些发现不断填补着环形RNA功能研究中的空白，说明了环形RNA功能的复杂性，也暗示着环形RNA的功能仍未研究透彻，或许有更多未知的功能等待研究者探索和发现。

在环形RNA的功能研究中，基于环形RNA全长序列的准确注释对于功能研究尤为重要。例如在研究环形RNA的miRNA靶向结合位点、蛋白结合位点以及蛋白编码潜能时，首先要知道其序列组成是什么。此外，除了差异表达分析外，基于多物种的进化保守性分析也是筛选候选功能环形RNA分子的有效策略，而这也需要环形RNA的全长序列，否则序列的保守性比较只能限于侧翼内含子序列和编码DNA序列，这种基于不完全序列的保守性分析会影响计算结果的准确性。然而，已经有研究证实环形RNA的内部普遍存在可变剪接事件，并且这些可变剪接事件具有与线性mRNA剪接不同的调控机制，因此环形RNA会因其内部不同的可变剪接事件而产生不同的异构体，这些异构体可能会与其同源的线性转录本有着不同的内部结构，它们之间也因内部组成的不同而有着不同的全长序列。例如，最近的一项研究表明，在 *FBXW7* 基因位点处的环形 RNA 序列与其同源线性 mRNA 序列形式不同，且 *circ-FBXW7* 编码的 185aa 蛋白能显著抑制癌细胞的增殖 [59]，因此不能简单使用线性转录本的组装工具来重构环形 RNA 转录本。缺乏准确的全长序列信息会影响研究者对特定的环形 RNA 功能的认识和理解，使用反向剪接位点（BSJ）来表示环形 RNA，或者使用错误的、不完整的环形 RNA 异构体序列，均会导致功能研究的结论错误，这严重阻碍了环形 RNA 的功能研究发展。环形 RNA 全长转录本序列组装是当前环形 RNA 研究中具有挑战性的问题，迫切需要新颖的计算方法来解决这个问题。

本章介绍笔者开发的一个针对环形 RNA 进行转录本组装的算法 CircAST（circular RNA alternative splicing transcripts），该算法基于参考基因组对每个基因位点构建多剪接图（multiple splice graphs）模型，然后用扩展的最小路径覆盖（extended minimum path cover，EMPC）算法来搜索最小路径集，得到所有环形 RNA 转录本序列。通过验证，无论是对模拟数据还是真实数据，相比于目前主流的环形 RNA 组装算法，该工具都有着较好的表现。

2.2 基于EMPC算法的环形RNA全长转录本序列重构方法

2.2.1 基于参考基因组的转录本组装

RNA-seq 技术可以从细胞里已表达的转录本中取样并产生测序读段（reads），如何用这些读段构建完整长度的转录本是二代测序技术研究转录组的关键环节，其准确程度直接影响到下游结果的可靠性，因此也一直是转录组研究的难点。当物种的基因组信息已经存在时，通常会采用基于参考基因组的组装策略，就目前来说，这种方法依然是最准确的转录本组装方法，因为它提供了读段映射的模板，参考序列上的相关注释能够指导算法来优化结果。该方法通常分为以下三个过程：首先，用支持可变剪接的序列比对工具将 RNA-seq 数据比对到参考基因组，生成 SAM 或 BAM 格式文件，并将其作为转录本组装工具的输入文件，这个过程称为回贴（mapping）。常用的比对工具有 Hisat2[99]、RASER[100]、TopHat2[67]、STAR[68]、MapSplice[63] 以及 SpliceMap[101] 等。这些比对工具能有效地识别可变剪接事件，发现可变剪接的位点（junction sites）。在 DNA 转录成 mRNA 的过程中，内含子会被切掉，外显子会在剪接位点处连接到一起，那些跨过剪接位点的片段（junction reads）是无法直接回贴到基因组上的，这些比对工具可以准确有效地处理这些片段。然后，根据回贴结果构图。比对结束后，来自同一基因区域的测序片段会被聚集在一起，对于每一个基因，以外显子为点，若回贴过程中同一个读段两端序列或者双端测序的配对读段分别比对到两个不同的外显子上，则这两个外显子之间有边相连，以此构建有向无环图（directed acyclic graph，DAG），通常称为剪接图（splicing graph）。最后，通过设计特定的算法找出图中的路径集，其中的每一条路径就代表了一个表达的转录本，这个路径集就是最终的转录本组装结果。常用的寻找路径的算法有枚举法、贪婪算法、最小路径覆盖算法等。

基于参考基因组的转录本组装算法具有以下几个明显的优点：第一，各测序片段在回贴的过程中会按基因区域聚类，然后按基因单独组装，这样就将整体的数据组装转换为各个基因位点的局部组装，大大降低了对内存的需求，节省计算资源，同时方便设计并行算法提高计算效率。第二，在测序过程中产生的错误读段因不能被比对到参考序列而被过滤，因此不会影响组装的结果，可提高组装的准确率。此外，对于低丰度的转录本，或者有些转录本在测序过程中有读段丢失而产生小的空缺区域，可以利用参考基因的序列模板填充，因此可提高组装的敏感度，也有助于发现之前未注释的新的转录本。

当然，基于参考基因组的转录本组装算法也有一定的局限性。首先，该策略必须依赖一个近零差错率、没有空缺的完整基因组序列，参考基因组质量的高低直接影响组装的结果。到目前为止，只有极少数物种的参考基因组能满足条件，尽管如此，即便有些物种（例如人）被公认为有完整的高质量的参考基因组，但其参考基因组上仍然不可避免地存在着很多测序错误，这会影响组装的准确性。其次，回贴时采用的序列比对工具的准确性对组装结果也有很大影响，如果回贴中产生了错误，测序片段无法比对到基因组正确的位置上，或者基因中有重复序列，导致片段可能被比对到多个位置，这些都会给后续的拼接计算带来错误的结果。不过随着测序技术的提高和比对工具算法的改进，基于参考基因组的转录本组装工具的准确性也会随之提高。

基于参考基因组的线性转录本组装工具有很多，自2010 年最具代表性的工具 Cufflinks[84] 和 Scripture[102] 被开发以后，后续又出现了多种工具，如 CEM[103]、iReckon[104]、Bayesember[105]、StringTie[85]、TransComb[86]、CIDANE[106]、Scallop[107] 等。这些工具各有优势，能较好地处理某一方面或某几方面的问题，但因为使用了不同的数学模型，组装的结果也不完全相同。从这些算法的实现上可以看出，决定组装完整性与准确性的关键因素是外显子之间的连接情况及可靠程度，也就是构图的准确性，而这受到测序质量、测序深度、转录本表达丰度、比对软件回贴的准确性等多个因素的影响。一般来讲，在满足一定测序深度的情况下，转录本表达丰度越高、读段回贴到基因组上的位置越准确，越能保证外显子连接信号的可靠性，组装出来的转录本就越准确。

2.2.2　环形RNA全长转录本序列组装

由于环形 RNA 与线性 mRNA 结构以及内部剪接机制的不同，现有的线性转录本组装工具对环形 RNA 并不适用，为此笔者开发了算法 CircAST，针对环形 RNA 的结构特点组装其转录本。CircAST 使用多重剪接图模型，在组装转录本时查找符合所有读段的且数量最少的环形转录本集合，也就是说，理论上讲每个读段都应该包含在这个集合的某一个环形转录本中。CircAST首先通过比对软件 TopHat2 将测序得到的 RNA-seq 数据映射到参考基因组上，这样来自不同基因的测序读段会被映射到基因组的不同位置，形成多个测序片段簇。对每个测序片段簇，提取出所有跨越内含子区域即发生剪接的读段，然后结合基因注释文件中提供的外显子边界信息以及上游软件（如 UROBORUS[66]、CIRCexplorer2[64] 或 CIRI2[74]）鉴定出的反向剪接位点构建剪接图。如果该基因内部存在多个反向剪接事件，则 CircAST 会构建多个剪接图。每个剪接图为一个有向无环图，其中的节点代表外显子，两个节点之间有有向边相连，当且仅当这两个节点所对应外显子之间发生了正向（从 5′- 端到 3′- 端）剪接事件，表示它们在某个环形转录本中是相邻的两个外显子。值得注意的是，每个有向无环图的起点和终点对应于基因组中的两个反向剪接外显子，因此从起点到终点的每一条有向路径就表示一条可能的环形转录本序列（图 2.1）。

线性转录组装工具通常在把测序片段映射到基因组后，在一个基因位点构建一个有向图，而 CircAST 则针对基因内部的所有反向剪接事件构建多个相应的剪接图，剪接图的数量等于反向剪接事件的数量，每个剪接图只包含一个起点和一个终点。多重剪接图模型包含了一个基因内部的所有剪接事件，包括正向剪接事件和反向剪接事件。如果多个环形RNA 在反向剪接位点之间有重叠的区域，则这些重叠区域中的片段就在对应的剪接图中被共享。因此，多剪接图模型可以解决一个基因中多个环形 RNA 的全长转录本序列重构问题。

在建立了多剪接图模型之后，CircAST 将环形转录本组装问题作为扩展的最小路径覆盖（EMPC）问题来解决。对于有向图 $G=(V,E)$，路径覆盖就是在图中找出一个路径集，使之覆盖了图中的所有顶点，且任何一个顶点恰在一条路径上。G 的最小路

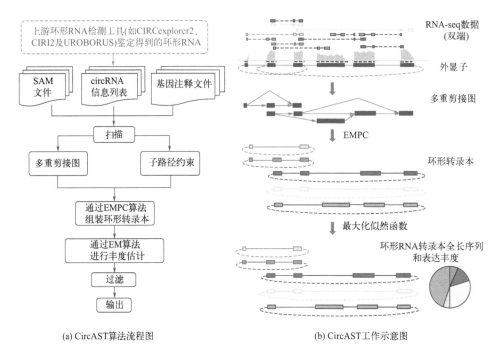

(a) CircAST算法流程图   (b) CircAST工作示意图

图2.1 CircAST算法流程及工作示意图

径覆盖（minimum path cover，MPC）是 G 所含路径条数最少的路径覆盖。MPC 问题一般是 NP（non-deterministic polynomial，非确定性多项式）完全问题，但已证明在有向无环图中，该问题在多项式时间内可解[108]。EMPC 算法拓展了 MPC 问题，用多个有向无环图来解决环形转录本的组装问题。经典的 MPC 问题不适用于解决环形 RNA 转录本组装问题，因为它只要求所有的节点（即外显子）被覆盖。然而，在实际的环形 RNA 剪接图中，所有的边（连接两个外显子的剪接片段）也应该被覆盖，并且 G 的起点和终点应该包含在每个路径中。此外，如果测序数据读段较长，或者是双端测序数据比对到基因组上的时候，它们很可能覆盖两个以上连续的节点（外显子），这些节点构成一条子路径，该子路径也应该被最终路径集中的至少一条路径包含。因此，EMPC 问题可描述如下。

给定一组有向无环图 $G_i = (V_i, E_i)(i = 1, 2, \cdots, n)$，每个有向无环图有一个起点 S_i 和一个终点 T_i，以及一个子路径的集合 $SP_i = (SP_{i1}, SP_{i2}, \cdots, SP_{im})$。目标是寻找一个包含路径数量尽可能少

的路径集 $(P_1, P_2, \cdots, P_k)$，使其满足下列条件：

① 每个节点 $V_i(G_i)$ 至少在一条路径中出现；

② 每条边 $E_i(G_i)$ 至少在一条路径中出现；

③ 每条子路径 SP_{ij} 至少在一条路径中出现；

④ 每条路径都始于 G_i 的起点 S_i，终于 G_i 的终点 T_i。

值得注意的是，在构建有向无环图和搜索子路径时，EMPC 算法不仅使用了跨越正向剪接位点的读段，还使用了跨越反向剪接位点的读段，而后者是在线性转录本组装算法里作为错误比对的读段被过滤掉的（图 2.2）。因此，EMPC 算法最大化利用了包括环形 RNA 特有读段在内的所有比对上的读段。为了组装出高可信度的环形 RNA 转录本，CircAST 在后续完成转录本定量后过滤掉了表达量低于最高丰度 0.1% 的转录本，将剩余的转录本作为最终组装的结果。

图2.2　环形RNA中跨越剪接位点的片段示意图

a、b、c为从5′-端到3′-端顺序的三个外显子，a和c发生了反向剪接事件，蓝色片段为跨越正向剪接位点的片段，红色片段为跨越反向剪接位点的片段

2.3　模拟数据验证

2.3.1　环形转录组测序模拟数据生成工具

笔者用 Python 编写了一个工具 CircAST-sim，用来生成环形转录组测序的模拟数据，以测试 CircAST 对环形转录本的组装效果，下面先对其作简要介绍。

CircAST-sim 要求用户提供三个输入文件：一是环形 RNA

的列表，该列表为 TXT 文本格式，包含了环形 RNA 的一些具体信息，包括染色体号、环形 RNA 反向剪接位点的位置坐标、链类型、基因名，这些信息可以通过环形 RNA 的数据库（如 circBase[109]、circRNADb[58]、CIRCpedia[110]）获得，也可通过环形 RNA 检测工具在实际样本中的检测结果获得；二是 GTF 格式的基因注释文件，用来确定环形 RNA 内部外显子的边界；三是 FASTA 格式的参考基因组序列，用来生成支持环形 RNA 转录本序列的读段。CircAST-sim 提供两种模型来生成 RNase R 处理的环形 RNA 数据集，一种是单端模型，一种是双端模型，如图 2.3 所示。在单端模型中，CircAST-sim 随机选取环形 RNA 异构体序列的起始位点，根据用户设置的读段长度（默认 100 bp）生成环形 RNA 的支持读段；而在双端模型中，CircAST-sim 可以模拟生成片段两端的序列，每个片段由两个末端读段（读段 1 和读段 2）组成，读段 1 和读段 2 来自两条 cDNA 链。如果环形 RNA 的同源线性 mRNA 在正义链上，则读段 1 将从实际转录本序列中产生、读段 2 将从互补 cDNA 序列中产生；如果环形 RNA 的

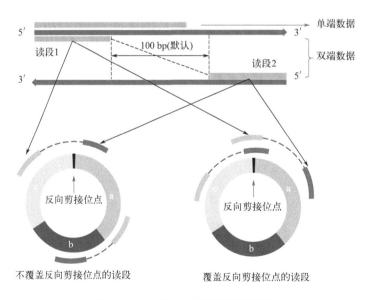

图2.3　CircAST-sim模拟测序示意图

a、b、c为从5′-端到3′-端顺序的三个外显子

同源线性 mRNA 在反义链上，则读段 1 来自互补 cDNA 序列、读段 2 来自转录本自身序列。读段 1 和读段 2 之间的长度默认为 100 bp，用户也可根据需要对其进行调整。插入片段长度服从正态分布，其均值和标准差也都可以根据需要进行调整（默认均值为 300 bp，标准差为 25 bp）。两种模型输出的读段均包括两种类型：覆盖反向剪接位点的读段和不覆盖反向剪接位点的读段。

CircAST-sim 的工作流程如下。

首先，根据用户提供的环形 RNA 列表和基因注释文件提供的外显子信息生成环形 RNA 异构体列表。对于反向剪接位点之间只有 1 个或 2 个外显子的环形 RNA，CircAST-sim 直接选取所有的外显子构成其转录本异构体序列，对于反向剪接位点之间有 3 个及以上外显子的环形 RNA，CircAST-sim 为其随机设置合理的异构体数目，然后随机跳过中间的部分外显子产生转录本异构体序列，与此同时，CircAST-sim 分配 1～50 的随机数作为每个 circRNA 异构体的相对表达量（RPKM 或 FPKM），以便在下一步生成足够数量的读段。接着，CircAST-sim 根据用户输入的测序长度（默认值 100 bp）和测序深度（默认值 2×10^7），按如下公式计算生成环形 RNA 异构体的读段数：

$$环形RNA异构体的读段数 = \frac{表达量 \times 测序深度 \times 测序长度}{10^9} \quad (2\text{-}1)$$

接着，模拟测序过程得到最后的模拟数据。所有的模拟数据输出到 FASTQ 格式的文件中（单端数据是一个 FASTQ 文件，双端数据则是一对 FASTQ 文件），同时所有环形 RNA 异构体的具体信息也会独立输出到另外一个列表中，这个列表文件在原有的环形 RNA 信息的基础上，增加了每个异构体所含全部外显子的起始位置、外显子长度、转录本表达量、环形 RNA 覆盖反向剪接位点的读段数。CircAST-sim 生成的模拟数据的特征与真实测序数据相似，同时给出了真阳性列表，所以该工具生成的模拟数据集可用来测试环形 RNA 鉴定、组装工具的灵敏度和准确性以及环形 RNA 定量软件的准确性，以评估软件的性能（图 2.4）。

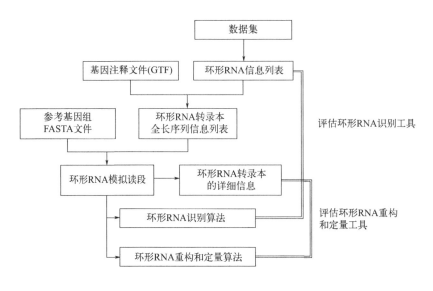

图2.4 CircAST-sim的工作流程图

2.3.2 模拟数据集

为了使模拟数据更加贴近真实数据，笔者下载了 NCBI 的 SRA（Sequence Read Archive）数据库中的真实环形转录本数据 SRR444974，经上游软件计算得到2610个反向剪接位点后，随机选择基因注释文件中位于反向剪接位点之间的外显子作为跳跃外显子，得到 2923 个环形 RNA 转录本序列结构，用工具 CircAST-sim 模拟生成了具有不同测序深度和不同读取长度的数据集。为测试 CircAST 算法在不同测序深度以及不同测序长度数据中的应用效果，首先生成一个容量为 0.09×10^6、测序长度为双端 100 bp 的数据集，然后保持测序长度不变，分别将测序深度提高至 2 倍、4 倍、8 倍、16 倍、32 倍和 64 倍，得到同一测序长度下不同测序深度的 7 个数据集；接着生成一个容量为 2.96×10^6、测序长度为双端 50 bp 的数据集，然后保持测序深度不变，分别将测序长度更改为 75 bp、100 bp、125bp 和 150bp，得到同一测序深度下不同测序长度的 5 个数据集。

2.3.3 算法性能评估

得到模拟数据的 FASTQ 文件后，用 TopHat2 进行比对，将比对结果中的 SAM 文件、生成数据时用的环形 RNA 列表以及基因注释的 GTF 文件一起输入 CircAST，得到不同数据集中的环形转录本组装结果。与其他已发表的研究一样，本部分仍然使用灵敏度（sensitivity）和准确度（precision）这两个指标来评估算法组装的表现[85]。灵敏度为所有真实表达的环形转录本中被重构出来的比例，而准确度为所有拼接出来的环形转录本中正确的比例。此外，还计算 F_1 分数即灵敏度和准确度的调和平均值作为评价参考，计算公式如下：

$$F_1 分数 = \frac{2 \times 灵敏度 \times 准确度}{灵敏度 + 准确度} \tag{2-2}$$

图 2.5 显示了同一测序长度下（100 bp）不同测序深度对算法组装结果的影响。从图中可以看出，随着测序深度的增加，算法的灵敏度稳步提高，而准确度略有下降，在满足一定测序深度的条件下（大于 0.37×10^6），算法在灵敏度和准确度上均有不错的表现，尤其是当测序深度为 1.48×10^6 时，F_1 分数达到了最大值，说明在这个测序深度下算法在灵敏度和准确度方面有着均衡的表现。值得注意的是，即使在 0.37×10^6 的低测序深度下，算法仍正确组装了大部分的环形转录本，灵敏度达到 86%；同时，在 5.92×10^6 的高测序深度下，算法的准确度仍超过 81%。

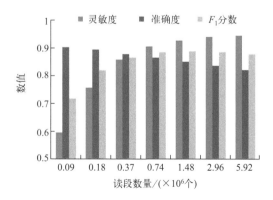

图2.5 不同测序深度的模拟数据对算法组装结果的影响

图 2.6 显示了同一测序深度下（ 2.96×10^6 ）不同测序长度对算法组装结果的影响。从图中可以看出，算法能灵活处理不同测序长度的数据，从 75bp 到 125bp，灵敏度均能达到 80% 以上，准确度均能达到 83% 以上，从 F_1 分数值来看，算法尤其在测序长度为 75 ～ 125bp 时表现最佳。

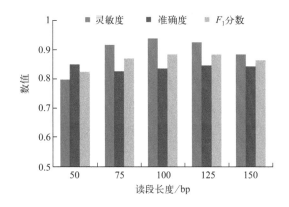

图2.6　不同测序长度的模拟数据对算法组装结果的影响

2.3.4　环形RNA转录本重构的复杂性分析

如果来自多个反向剪接位点的环形 RNA 在基因组具有重叠的区域，则这些环形 RNA 转录本的重构会变得复杂。因此，对于每个环形 RNA，定义反映其与其他环形 RNA 覆盖区域重叠度的指标——关联指数（relation index，RI），来评估其内部转录本重构的复杂性。具体定义如下：设 J 是由 n 个环形 RNA 反向剪接位点构成的集合，$J = \{j_1, j_2, \cdots, j_n\}$，$R$ 是 J 上的一个二元关系。对任意的 $j_s, j_t \in J$，如果 j_s 和 j_t 的内部有重叠的区域，就说 j_s 和 j_t 具有二元关系 R，记作 $j_s R j_t$。该二元关系具有传递性，即对于任意的 $j_r, j_s, j_t \in J$，如果 $j_r R j_s$，且 $j_s R j_t$，则 $j_r R j_t$。显然，R 是一个等价关系，故它将集合 J 划分成 k 个互不相交的等价类 J_1，$J_2, \cdots$，J_k。每个等价类中元素的个数，也就是每个等价类的基，记作 $|J_1|, |J_2|, \cdots, |J_k|$，表示该类中环形 RNA 的数量。

这样，对于 J 中的每个元素 $j_s \in J(s=1,2,\cdots,n)$，把其所在等价类的基定义为其关联指数 RI，即式（2-3）所示：

$$\mathrm{RI}(j_s) = |J_i|(j_s \in J_i, 1 \leqslant i \leqslant k) \qquad (2\text{-}3)$$

通常，具有较高 RI 的环形 RNA 与更多的环形 RNA 在基因组上有重复区域，因而重构其内部的环形转录本的难度就更大（图 2.7）。

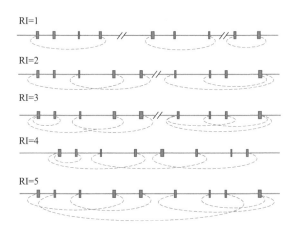

图2.7　环形RNA的关联指数RI示意图

对之前的模拟数据做关联指数分析，由于这些模拟数据集中的反向剪接位点均来自同一样本（SRA：SRR444974）中的环形RNA，所以它们有着相同的关联指数的分布。如图 2.8 所示，RI 为 1 的环形 RNA 占总数的 47%，RI 为 2 的环形 RNA 占总数的 26%，RI 为 3 的环形 RNA 占总数的 10%，RI 为 4 的环形 RNA 占总数的 6%，RI 大于等于 5 的环形 RNA 占总数的 11%。随机选取测序深度为 0.74×10^6、长度为双端 100 bp 的数据集的重构结果进行分析，从图 2.9 可以看出，随着 RI 的增大，算法对环形 RNA 转录本重构的准确度呈下降趋势，但在 RI ≤ 4 时可以维持在 71% 以上，而灵敏度相对稳定，在 RI ≤ 4 时始终维持在 93% 以上，在 RI ≥ 5 时虽然下降，但也达到了 86%。综合灵敏度和准确度，算法针对关联指数在 4 以内的环形 RNA 有着很好的组装效果，即使是对于高关联指数的环形RNA（RI≥5），也能保持较高的灵敏度。

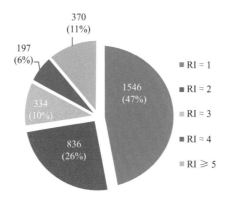

图2.8　模拟数据中各关联指数的环形RNA数量统计图

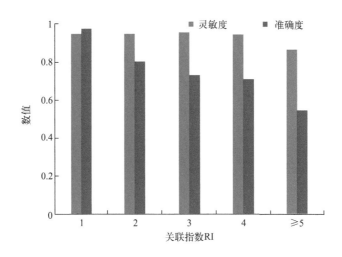

图2.9　算法对模拟数据中不同关联指数的环形RNA的组装效果

2.4　实验验证

2.4.1　小鼠睾丸环形RNA测序数据的准备

使用 RNeasy Plus Mini Kit 试剂盒从成年小鼠的睾丸组织中

提取总 RNA，RNA 的浓度和质量通过 Agilent 2100 生物分析仪芯片系统进行测定。从获取的总 RNA 中提取大约 1 μg RNA，使用 NEBNext rRNA Depletion Kit（Human/Mouse/Rat）试剂盒，根据说明书去除核糖体 RNA。然后加入 1 U 含有 20 U/μL 的 RNase R，在 37 ℃条件下孵育 10 min，进一步去除其中的线性 RNA。根据 NEBNext® Ultra™ Directional RNA Library Prep Kit for Illumina® 试剂盒的操作指南，将剩余的 RNA 作为模板构建 cDNA 库。根据试剂盒说明书，使用 TruSeq PE Cluster Kit v3-cBot-HS 在 cBot 群集生成系统上进行索引编码样本的聚类。群集生成后，在 Illumina HiSeq 1500 高通量平台上进行双端测序。为了过滤 rRNA 和线粒体 RNA（mtRNA），使用 SortmeRNA（第 2.1b 版）将序列与小鼠的 rRNA 和 mtRNA 的序列比对，然后将其余未映射的序列用于下游分析[111]。

以上原始测序数据已经提交至国家基因组科学数据中心组学原始数据归档库（Genome Sequence Archive，GSA），登录号为 CRA002302。

2.4.2 小鼠睾丸环形RNA组装结果

之前的研究表明，RNase R 能够消化线性 RNA 分子，并富集环形 RNA[112]。尽管有少量的环形 RNA 来自内含子区域或含有内含子片段，但大部分环形 RNA 是由外显子组成的，因此，这项工作主要关注了外显子来源的环形 RNA。在使用 TopHat2 将测序数据映射到基因组后，CircAST 使用发生剪接的片段在每个基因位点处构建了多剪接图，然后使用扩展的最小路径覆盖算法（EMPC）来搜索最小路径集，其包含的所有路径就代表了包含所有观察到的剪接事件的环形 RNA 转录本（详细信息见 2.3 节）。为获得对算法更客观、更真实的评价，同时使用 CIRCexplorer2 组装此数据集中的环形转录本，然后对组装结果进行比较和实验验证。

在上游软件鉴定了反向剪接位点后，选取支持读段数至少为

10 的 2883 个位点，其中有 80 个反向剪接位点可能因其本身丰度较低或是上游软件鉴定错误等造成其内部支持片段太少而无法构建剪接图，导致转录本重构失败，其余的 2803 个反向剪接位点内部共重构出 3464 个环形 RNA 全长转录本。在这 2803 个环形 RNA 中，大约有 82% 的环形 RNA 仅产生 1 个异构体、14% 的环形 RNA 产生 2 个异构体，其余 4% 的环形 RNA 至少产生 3 个异构体 [图 2.10（a）]，说明可变剪接事件在环形 RNA 中普遍存在，有相当一部分的环形 RNA 会因此而产生多个异构体。进一步地，还发现在这3464 个环形转录本中，有 593 个（约 17%）环形转录本内部产生了与其同源的线性 mRNA 不同的剪接事件，致使这些环形转录本的序列不同于同源的线性 mRNA 序列 [图 2.10（b）]，表明环形 RNA 可能有着与其同源线性 mRNA 不同的剪接机制。整理出这 593 个环形转录本中发现的 380 个新的可变剪接事件，见附录 2。

CIRCexplorer2 从上述 2883 个反向剪接环形 RNA 中重构出 3892 个外显子来源的环形转录本，其中有 3106 个是同时出现在 CircAST 重构结果中的。此外，CircAST 还组装出 358 个 CIRCexplorer2 没有捕捉到的环形转录本，经后续的定量分析（方法见第 3 章），发现其中大多数表达水平相对较低（图 2.11），说明 CircAST 不仅能组装高丰度的环形转录本，对于低丰度的个体也有很好的重构效果（因 CIRCexplorer2 没有对环形转录本定量的功能，仅由 CIRCexplorer2 重构出的 786 个环形转录本无法做定量分析）。

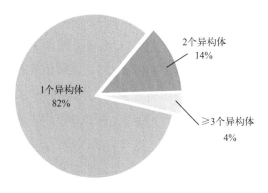

（a）环形转录本异构体统计

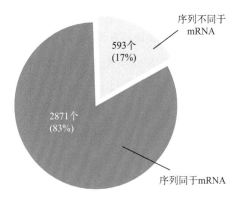

(b) 环形转录本与其同源的线
性mRNA序列比较统计

图2.10 小鼠睾丸组织中环形RNA异构体情况及环形转录本与其同源的
线性mRNA序列比较统计

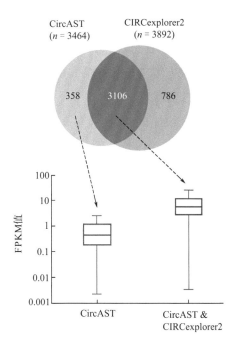

图2.11 CircAST和CIRCexplorer2对小鼠睾丸组织中环形RNA全长转录本重构情况比较

2.4.3 用RT-PCR和Sanger测序对组装结果进行验证

为了进一步通过 PCR 验证环形 RNA，首先使用试剂盒 PrimeScript™ RT Master Mix 将未经 RNase R（Epicentre）处理的 RNA 和经 20 U/μL RNase R 处理的 RNA 分别反转录为 cDNA。经过 RNase R 处理和未经过 RNase R 处理的 RNA 生成的 cDNA、基因组 DNA 和阴性对照（水）使用 PCR 试剂盒扩增 30 轮，扩增过程针对每种环形 RNA 异构体专门设计引物。如果特定的引物产生了阴性或较弱的结果，则使用巢式 PCR 扩增这些低丰度的异构体。PCR 扩增产物在 3% 的琼脂糖凝胶上用溴化乙锭染色并在紫外线照射下检测。

通过凝胶电泳分离和纯化 PCR 产物，割胶回收目标产物后进行测序验证。测序反应在 ABI 2720 热循环仪中进行，使用正向和反向引物对两条 DNA 链进行测序，测序产物用 ABI Hitachi 3730XL DNA 分析仪进行分析。

为验证 CircAST 组装结果的可靠性，设计引物对环形 RNA 进行 RT-PCR 实验，并通过 Sanger 测序确定 PCR 产物的序列。实验分成以下两个部分：①对 CircAST 组装结果中至少有两个异构体且长度在 1000 bp 以内的环形 RNA 进行全长序列验证；②对 CircAST 组装结果中有两个异构体且长度大于 1200 bp 的环形 RNA 进行全长序列验证。具体内容见表 2.1。此外，还随机挑选了一部分由 CIRCexplorer2 预测出但并未出现在 CircAST 组装结果中的环形转录本进行全长序列验证。所有的引物设计见附录 3。

表2.1 对 CircAST 组装结果的验证情况

序号	实验内容	异构体长度 /bp	待验证的异构体数量 /个	成功验证的异构体数量 /个	成功率 /%
1	多异构体环形RNA全长序列验证	< 1000	19	16	84
2	两个异构体环形RNA全长序列验证	> 1200	18	16	89

第一部分实验随机选择了 7 个反向剪接的环形 RNA，每个环形 RNA 都被 CircAST 重构出 2 个或 3 个转录本异构体。表 2.2 前 7 个环形 RNA 的 16 个异构体，有 13 个通过 RT-PCR 和 Sanger 测序得到成功验证，3 个验证失败；特别指出的是，在验证成功的 13 个环形 RNA 转录本异构体中，有 2 个是仅由 CircAST 重构而被 CIRCexplorer2 遗漏的。

表2.2　CircAST 的组装结果中选择实验验证的多异构体环形RNA

环形 RNA	宿主基因	CircAST 重构异构体数量 / 个	实验验证的异构体	实验验证是否成功	是否由 CIRC-explorer2 重构
chr11：22053432|22068506	*Ehbp1*	3	*circEhbp1-2-1*	是	是
			circEhbp1-2-2	是	否
			circEhbp1-2-3	是	是
chr15：93424014|93465245	*Pphln1*	3	*circPphln1-1-1*	是	否
			circPphln1-1-2	是	是
			circPphln1-1-3	是	是
chr11：120967995|120973969	*Csnk1d*	2	*circCsnk1d-1-1*	是	是
			circCsnk1d-1-2	是	是
chr18：25339714|25420075	*AW554918*	2	*circAW554918-1-1*	是	是
			circAW554918-1-2	是	是
chr1：16440323|16509408	*Stau2*	2	*circStau2-2-1*	是	是
			circStau2-2-2	是	是
chr1：172173943|172187460	*Dcaf8*	2	*circDcaf8-1-1*	是	是
			circDcaf8-1-2	否	是
chr16：94403314|94412123	*Ttc3*	2	*circTtc3-1-1*	否	是
			circTtc3-1-2	否	是
chr1：155953154|155962560	*Cep350*	2	*circCep350-1-2*	是	否
chr4：132656693|132673032	*Eya3*	2	*circEya3-1-2*	是	否
chr18：3287904|3327591	*Crem*	6	*circCrem-4-2*	是	否

图 2.12 和图 2.13 分别展示了 *circEhbp1* 和 *circPphln1* 这两个环形 RNA 所有异构体的重构示意图和 Sanger 测序结果。

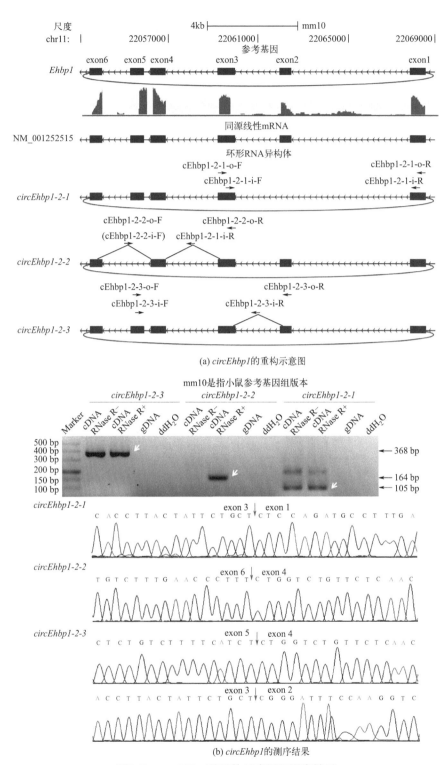

(a) circEhbp1的重构示意图

(b) circEhbp1的测序结果

图2.12　circEhbp1的重构示意图和测序结果

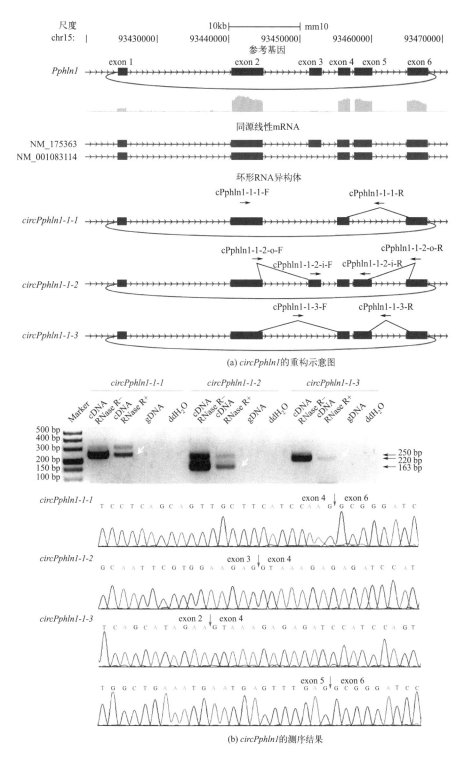

(a) *circPphln1*的重构示意图

(b) *circPphln1*的测序结果

图2.13 *circPphln1*的重构示意图和测序结果

图2.14（a）～（d）为其他环形RNA全部异构体的实验验证结果（分别为位于chr11的 *circCsnk1d-1-1/-2*、位于chr18的 *circAW554918-1-1/-2*、位于chr1的 *circStau2-2-1/-2* 以及位于chr1的 *circDcaf8-1-1*，位于chr1的 *circDcaf8-1-2* 和位于chr16的 *circTtc3-1-1/-2* 验证失败）。此外，实验还选择了3个具有多个异构体的反向剪接环形RNA，从中各挑出1个仅被CircAST组装但被CIRCexplorer2遗漏的转录本，分别为位于chr1的 *circCep350-1-2*、位于chr4的 *circEya3-1-2* 和位于chr18的 *circCrem-4-2*，这3个转录本也全部通过了RT-PCR和Sanger测序验证［图2.14（e）～（g）］。在这部分实验中，一共选择了19个环形RNA异构体进行验证，其中验证成功16个，包括CircAST和CIRCexplorer2共同预测出的11个，以及仅由CircAST重构而被CIRCexplorer2遗漏的5个（表2.2），成功率达84%。

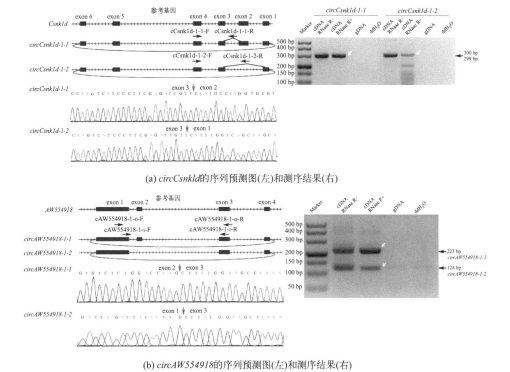

(a) *circCsnk1d* 的序列预测图(左)和测序结果(右)

(b) *circAW554918* 的序列预测图(左)和测序结果(右)

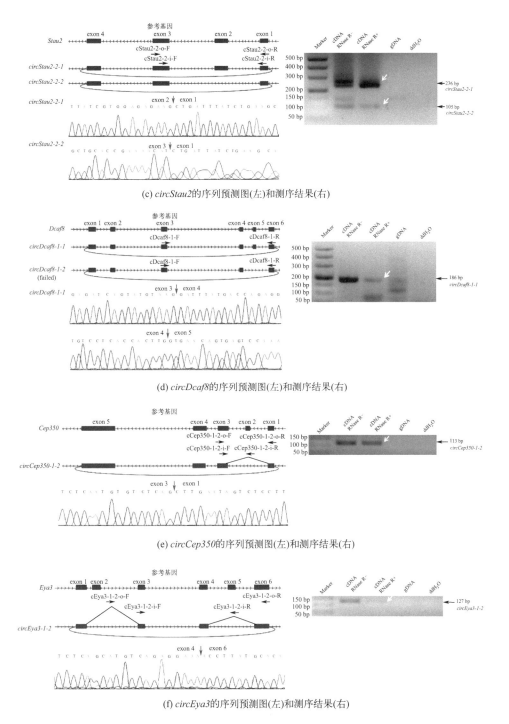

(c) *circStau2*的序列预测图(左)和测序结果(右)

(d) *circDcaf8*的序列预测图(左)和测序结果(右)

(e) *circCep350*的序列预测图(左)和测序结果(右)

(f) *circEya3*的序列预测图(左)和测序结果(右)

图2.14

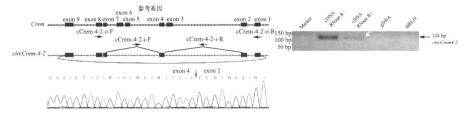

(g) *circCrem*的序列预测图(左)和测序结果(右)

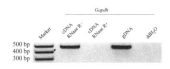

(h) *Gapdh*(内参)

图2.14　其他环形RNA的序列预测图和测序结果

一般来讲，长度较长的环形 RNA 内部会含有较多数量的外显子，因此有较大概率出现多个可变剪接事件，导致其产生多个异构体，且其在基因组上覆盖区域长，故 RI 指数会增大，这些都增加了环形 RNA 重构的难度。为了验证算法对这一类环形 RNA 的重构结果，第二部分的实验中选取了 9 个长度大于 1200 bp 的环形 RNA，每个环形 RNA 均有 2 个异构体，所含的外显子数量从 11 个到 24 个不等，具体信息见表 2.3。实验结果显示，有 7 个环形 RNA 的所有异构体全部通过了 RT-PCR 和 Sanger 测序验证，还有 2 个环形 RNA 各验证成功 1 个异构体，成功率达 89%，说明 CircAST 算法对较长的环形 RNA 转录本进行组装也有很高的准确率。图 2.15 展示了这些长环形 RNA 的序列预测图和 Sanger 测序结果。

表2.3　由 CircAST 组装的待实验验证的长环形 RNA 转录本

环形 RNA	宿主基因	CircAST 重构异构体数量/个	实验验证的异构体	外显子数量/个	长度/bp	实验验证是否成功
chr11：59741120|59771702	*Mprip*	2	*circMprip-1-1*	15	2146	是
			circMprip-1-2	14	2038	是

环形RNA	宿主基因	CircAST重构异构体数量/个	实验验证的异构体	外显子数量/个	长度/bp	实验验证是否成功
chr18：34443901|34465220	*Fam13b*	2	*circFam13b-1-1*	11	1349	是
			circFam13b-1-2	12	1445	是
chr2：90791460|90813352	*Agbl2*	2	*circAgbl2-2-1*	11	2018	是
			circAgbl2-2-2	12	2126	是
chr5：124384467|124414527	*Sbno1*	2	*circSbno1-1-1*	24	3289	是
			circSbno1-1-2	23	3184	是
chr11：107043633|107077798	*Bptf*	2	*circBptf-1-1*	17	5745	是
			circBptf-1-2	16	5616	是
chr11：107592706|107649340	*Helz*	2	*circHelz-3-1*	17	2833	是
			circHelz-3-2	18	2938	是
chr15：31478295|31509822	*March*	2	*circMarch6-2-1*	17	1801	是
			circMarch6-2-2	18	1874	是
chr6：83934949|83972283	*Zfp638*	2	*circZfp638-4-1*	16	1754	否
			circZfp638-4-2	19	1976	是
chr10：50690115|50767507	*Ascc3*	2	*circAscc3-6-1*	23	3399	是
			circAscc3-6-2	22	3278	否

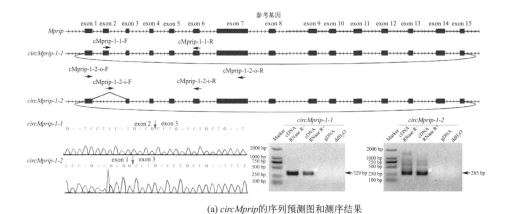

(a) *circMprip*的序列预测图和测序结果

图2.15

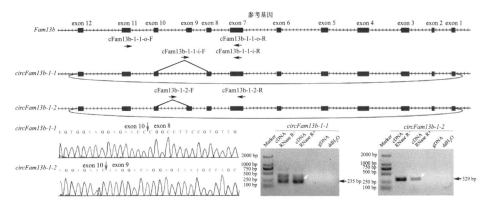

(b) *circFam13b*的序列预测图和测序结果

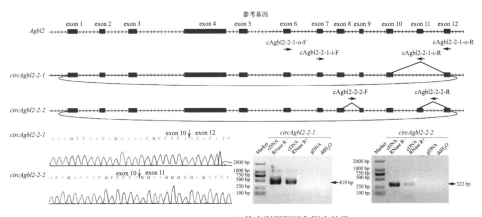

(c) *circAgbl2*的序列预测图和测序结果

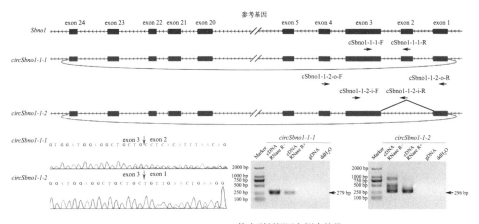

(d) *circSbno1*的序列预测图和测序结果

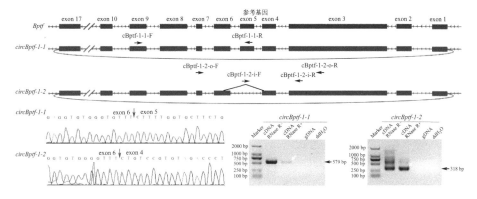

(e) *circBptf*的序列预测图和测序结果

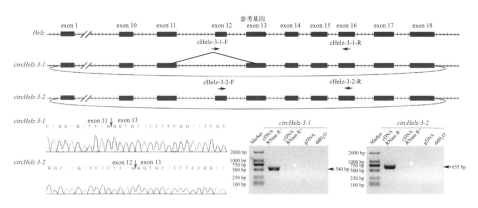

(f) *circHelz*的序列预测图和测序结果

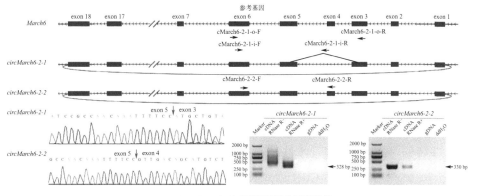

(g) *circMarch6*的序列预测图和测序结果

图2.15

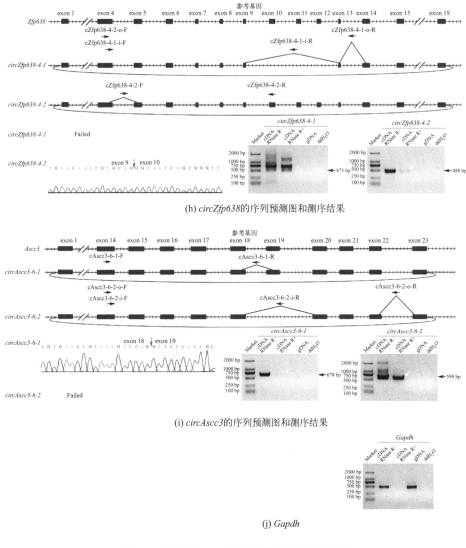

(h) *circZfp638*的序列预测图和测序结果

(i) *circAscc3*的序列预测图和测序结果

(j) *Gapdh*

图2.15　长环形RNA的序列预测图和测序结果

实验还针对 CIRCexplorer2 预测出但并未由 CircAST 算法预测的环形转录本进行了验证。通过之前的分析发现，同 CircAST 结果相比，CIRCexplorer2 共组装出了 786 个特异的环形转录本（图2.11）。随机选择 8 个转录本（表2.4），同样用 PCR 和 Sanger 测序进行验证。PCR 分析显示未获得扩增产物或者产物大小与预期不同，进一步的 Sanger 测序证明了序列中并未包含预期的剪接异构体，说明这 8 个异构体都是假阳性预测，在测试 CircAST 算法时可视为真阴性个体（图 2.16）。

从以上实验的综合结果来看，CircAST 算法无论是对于异构体较多的环形 RNA，还是对于长度较长的环形 RNA，都有着很好的组装效果。

表 2.4　选择实验验证的被 CIRCexplorer2 预测但未被 CircAST 预测的环形 RNA

环形 RNA	宿主基因	实验验证的异构体	是否由 CIRC-explorer2 重构	是否由 CircAST 重构	实验验证是否成功
chr8：95061713|95062395	*Drc7*	*circDrc7*	是	否	否
chr14：118994946|119002986	*Uggt2*	*circUggt2*	是	否	否
chr13：59473688|59482604	*Agtpbp1*	*circAgtpbp1*	是	否	否
chr8：24719415|24725361	*Adam3*	*circAdam3*	是	否	否
chr5：100475689|100485855	*Lin54*	*circLin54*	是	否	否
chr11：85017630|85022905	*Usp32*	*circUsp32*	是	否	否
chr2：18101458|18126229	*Mllt10*	*circMllt10*	是	否	否
chr9：55912040|55921338	*Scaper*	*circScaper*	是	否	否

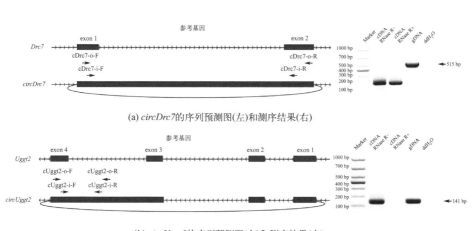

(a) *circDrc7* 的序列预测图(左)和测序结果(右)

(b) *circUggt2* 的序列预测图(左)和测序结果(右)

图 2.16

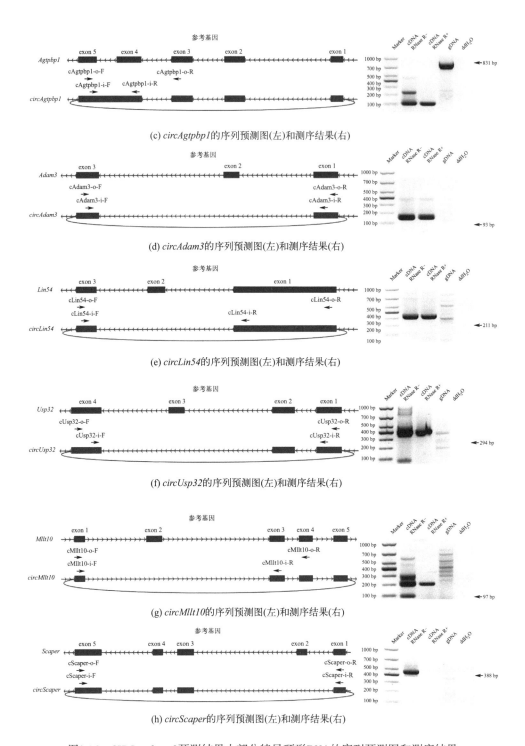

(c) circAgtpbp1的序列预测图(左)和测序结果(右)

(d) circAdam3的序列预测图(左)和测序结果(右)

(e) circLin54的序列预测图(左)和测序结果(右)

(f) circUsp32的序列预测图(左)和测序结果(右)

(g) circMllt10的序列预测图(左)和测序结果(右)

(h) circScaper的序列预测图(左)和测序结果(右)

图2.16 CIRCexplorer2预测结果中部分特异环形RNA的序列预测图和测序结果

2.4.4 算法对真实数据的重构效率分析

统计 CircAST 对小鼠睾丸数据集中不同长度环形 RNA 的重构情况。把上游软件检测出的环形 RNA 按长度分成 6 类，分别为 0 ～ 199 bp、200 ～ 399 bp、400 ～ 599 bp、600 ～ 799 bp、800 ～ 999 bp 以及 1000 bp 以上，统计每类中检测到的环形 RNA 的数量以及 CircAST 算法重构出的环形 RNA 的数量，并计算出重构效率，发现长度大于 200 bp 的环形 RNA 重构效率均超过了 96%（表 2.5）。而实际上，长度在 200 bp 以内的 RNA 只占到所有环形 RNA 中很小的一部分（以本实验为例，仅占约 2.4%），因此 CircAST 算法能够对绝大多数环形 RNA 实现很好的重构，整体重构效率可达 96% 以上。

表 2.5　CircAST 对小鼠睾丸数据集中不同长度环形 RNA 的重构效率

环形 RNA 长度 /bp	[0,199]	[200,399]	[400,599]	[600,799]	[800,999]	[1000,+∞)
环形 RNA 数量 / 个	134	1467	1441	929	584	1023
CircAST 成功重构的环形 RNA 数量 / 个	98	1414	1396	899	568	987
重构效率 /%	73.13	96.39	96.88	96.77	97.26	96.48

对小鼠睾丸组织生成不同测序深度、测序长度和文库大小的多个环形 RNA 数据集，分别计算各类数据集中环形 RNA 的重构效率。如表 2.6 所示，A_1 ～ A_4 代表读段长度 101 bp、建库长度 300 bp 下的测序深度分别为 5.2×10^7、3.9×10^7、2.6×10^7 和 1.3×10^7 的四个数据集，B_1 ～ B_3 代表建库长度 300 bp、测序深度 5.2×10^7 下的读段长度分别为 101 bp、75 bp 和 50 bp 的三个数据集，C_1 ～ C_3 代表读段长度 75 bp、测序深度 5.2×10^7 下的建库长度分别为 300 bp、280 bp 和 250 bp 的三个数据集。

表2.6 用于测试重构效率的不同数据集

测序情况	读段长度/bp	建库长度/bp	测序深度/($\times 10^7$)
数据集 $A_1/A_2/A_3/A_4$	101	300	5.2/3.9/2.6/1.3
数据集 $B_1/B_2/B_3$	101/75/50	300	5.2
数据集 $C_1/C_2/C_3$	75	300/280/250	5.2

从计算结果来看，尽管检测到的环形 RNA 数量会随着读段长度的减少而减少，也会随着测序深度的减少而减少，但 CircAST 算法依然能够组装高百分比的环形 RNA（表2.7、图2.17、表2.8、图2.18），表明算法的重构效率受测序深度和读段长度的影响很小；而建库长度对环形 RNA 数量的影响不大，故对算法的重构效率影响也不大（表2.9、图2.19）。

表2.7 CircAST对不同测序深度数据集的重构效率

数据集	A_1	A_2	A_3	A_4
测序深度/($\times 10^7$)	5.2	3.9	2.6	1.3
环形 RNA 数量/个	5579	4569	3320	1732
CircAST 成功重构的环形 RNA 数量/个	5362	4376	3165	1628
重构效率/%	96.11	95.78	95.33	94.00

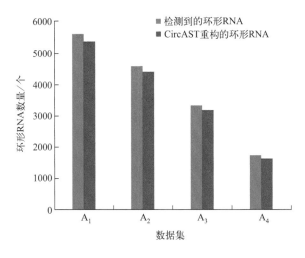

图2.17 不同测序深度数据集的环形RNA检测和被重构情况统计

表2.8 CircAST 对不同测序长度数据集的重构效率

数据集	B_1	B_2	B_3
读段长度/bp	101	75	50
环形RNA数量/个	5579	3564	2766
CircAST 成功重构的环形 RNA 数量/个	5362	3422	2568
重构效率/%	96.11	96.02	92.84

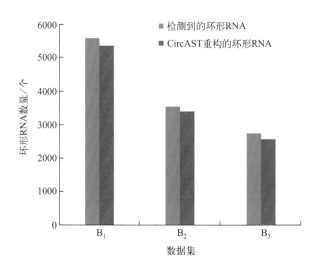

图2.18   不同测序长度数据集的环形RNA检测和被重构情况统计

表2.9   CircAST 对不同建库长度数据集的重构效率

数据集	C_1	C_2	C_3
建库长度/bp	300	280	250
环形RNA数量/个	3564	3524	3359
CircAST 成功重构的环形 RNA 数量/个	3422	3416	3255
重构效率/%	96.02	96.94	96.90

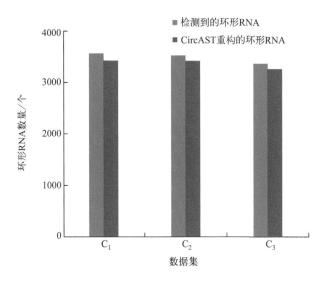

图2.19 不同建库长度数据集的环形RNA检测和被重构情况统计

2.5 与现有算法的比较

CIRCexplorer2 是一款能鉴定环形 RNA 反向剪接位点并调用线性转录本组装工具 Cufflinks 来组装环形转录本的工具 [64]。选取不同测序深度和长度的 8 个模拟数据集，分别用 CircAST 和 CIRCexplorer2 对其进行组装，并将组装结果进行了比较。结果显示，CircAST 对这 8 个数据集均有很好的重构效果，灵敏度为 86% ~ 94%，约高出 CIRCexplorer2 10%。与此同时，CircAST 也组装出了更多的真阳性转录本，准确度为 82% ~ 88%，每个数据集中的数量均比 CIRCexplorer2 高出 20% 有余，相应的每个数据集上的 F_1 分数也都比 CIRCexplorer2 的高（图 2.20）。

CIRI-AS 是第一个通过使用长读长的测序数据来检测环形 RNA 内部结构和可变剪接事件的有效工具 [83]。将测序深度为 2.96×10^6、读长为 150 bp 的模拟数据集进行 CIRI-AS 的分析，并将结果与 CircAST 的结果进行比较。在没有发生外显子跳跃的

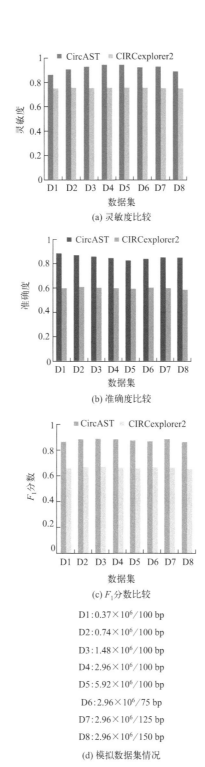

(a) 灵敏度比较

(b) 准确度比较

(c) F_1分数比较

D1：$0.37×10^6/100$ bp

D2：$0.74×10^6/100$ bp

D3：$1.48×10^6/100$ bp

D4：$2.96×10^6/100$ bp

D5：$5.92×10^6/100$ bp

D6：$2.96×10^6/75$ bp

D7：$2.96×10^6/125$ bp

D8：$2.96×10^6/150$ bp

(d) 模拟数据集情况

图2.20　算法与CIRCexplorer2组装结果的比较

2080 个环形转录本中，CIRI-AS 成功预测出其中 1697 个环形转录本序列中的所有外显子（81.59%），而 CircAST 则成功预测出其中 1881 个环形转录本序列中的所有外显子（90.43%）；对于其余发生可变剪接的环形转录本，经统计其中含有 835 个可变剪接外显子，CIRI-AS 检测出 348 个（41.68%），而 CircAST 检测出 762 个（91.26%）。以上结果表明，CircAST 可以在环形 RNA 内部识别出更多的真阳性可变剪接事件，因而其在组装环形 RNA 全长转录本方面更具有优势。

CIRI-full 是一款利用长读段数据捕捉环形转录本测序中的反向重叠区特征从而获得全长序列的高效工具 [94]。CIRI-full 不基于基因注释文件，可以捕获新的环形 RNA 转录本，包括内含子区域和基因间区的新的环形转录本，而 CircAST 是一种基于基因注释的方法，只能重构外显子来源的环形 RNA 转录本。为了比较 CircAST 和 CIRI-full 的性能，将 CIRI-full 在 PE250 数据集（SRA：SRR7350933）上重构的 10653 个环形转录本作为真阳性对照，然后在测序数据中分别截取不同长度读段（PE100、PE150、PE200 和 PE250）的子数据集对 CircAST 进行测试。结果表明，随着读段长度的增大，重构出的环形转录本的总量减少，与 CIRI-full 结果的交集也变小，CircAST 在 PE100 子数据集中表现最佳，能够重构出 CIRI-full 结果中 6543 个环形转录本（占 61.42%）（图 2.21）。说明最适合 CircAST 的测序长度为 100 bp 左右，由于算法设计，太长的读段组装转录本不太灵活，并不适合 CircAST。

进一步地，把 CircAST 在 PE100 数据集上重构的 11299 个环形转录本与 CIRI-full 在 PE250 数据集上重构的 10653 个环形转录本做了对比，发现 CircAST 遗漏的 4110 个环形转录本中有超过 60% 的转录本（2521 个）都是来自内含子区域或基因间区，而在 CIRI-full 遗漏的 4756 个转录本中，有 3198 个转录本长度超过 600 bp，占 67.24%（图 2.22）。这些结果表明，CIRI-full 可使用较长读段的测序数据轻松捕获大部分长度为 600 bp 以内的环形 RNA 异构体，且重构范围不仅包含了外显子来源的环形

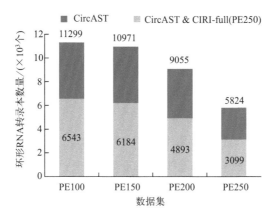

图2.21　CircAST对不同测序长度数据集的重构结果与CIRI-full的重构结果比较

深蓝色为仅由CircAST重构的转录本，浅蓝色为CircAST重构结果与CIRI-full
在PE250数据集上重构结果的交集

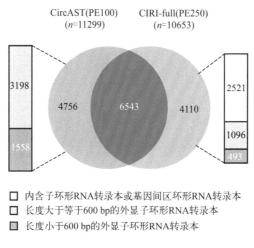

图2.22　CircAST与CIRI-full重构结果差异分析

蓝色为由CircAST在PE100数据集上的重构结果，红色为CIRI-full在PE250数据集上的重构结果

RNA，还包含了内含子来源和基因间区的环形RNA，而CircAST仅通过较短的测序数据就能有效地重构不同长度的环形RNA异构体，尤其在重构长的环形RNA序列时更为方便灵活，因此这两种工具在组装不同类型的环形RNA时各有不同的优势，它们可以在重构环形RNA异构体时相互补充。

再把 CircAST 与 CIRI-full 的比较范围局限于有基因组注释的环形转录本，这时 CircAST 在 PE100 数据集上重构的敏感度为 80.46%、在 PE150 数据集上重构的敏感度为 76.05%，表明 CircAST 通过使用短读长测序数据在捕获可变剪接环形异构体方面具有较好的性能。

笔者还针对 SRR7350933 数据集生成了读段长度是 100 bp、建库长度分别从 200 ～ 500 bp 的 6 个数据集，同样用 CircAST 进行了转录本重构，并以 CIRI-full 在 PE250 数据集上重构的 10653 个环形转录本作为真阳性转录本进行对比。从图 2.23 可以看出，CircAST 对库长在 400 bp 以内的数据有更高的敏感度，能重构出更多真的环形转录本。

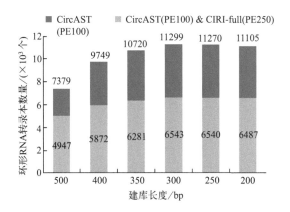

图2.23　CircAST对不同建库长度数据集的重构结果与CIRI–full的重构结果比较
深蓝色为仅由CircAST重构的转录本，浅蓝色为CircAST重构结果
与CIRI-full在PE250数据集上重构结果的交集

2.6　小结

环形 RNA 的序列重构对研究环形 RNA 的功能非常重要，然而目前只有少量的工具能够解决这个问题。这些工具有的使用的是线性转录本的组装工具，导致结果中出现很多假阳性；有的

对测序数据要求很高，且也只能对一定长度范围内的环形 RNA 有较好的组装效果。因此，还没有一种方法能够针对环形 RNA 的结构特点，用普通读长的数据实现对所有长度环形 RNA 的重构。

在本章，介绍了笔者结合多剪接图模型和扩展的最小路径覆盖（EMPC）的方法开发了算法 CircAST，成功地实现了环形 RNA 全长转录本的序列组装。该工具使用 RNase R 处理的 RNA-seq 数据，在上游软件鉴定出环形 RNA 反向剪接位点后，利用读段在基因组上的比对信息在每个基因位点处构建多剪接图，然后使用扩展的最小路径覆盖算法来搜索最小路径集，得到所有环形 RNA 转录本序列。模拟数据测试显示，CircAST 在环形转录本组装方面具有良好的性能，其灵敏度和准确度都达到了较高的水平；实验验证结果表明，CircAST 能够正确组装小鼠睾丸组织中环形 RNA 转录本的全长序列，即使是对于丰度较低的环形转录本异构体，也能揭示许多新的可变剪接事件。此外，CircAST 能兼容多种常用的上游环形 RNA 检测工具（如 CIRCexplorer2、CIRI2 及 UROBORUS）或者将其他工具的检测结果转为 CircAST 的输入形式，期望这一工具在未来的环形 RNA 的功能研究中发挥重要作用。

虽然 CircAST 有许多优点，但与之前的方法（CIRI-full 和 CIRI-AS）相比，它也有一些局限性。CircAST 只能应用于 RNase R 处理的样本，其中线性 mRNA 可能会有残留。这些残留的线性 mRNA 虽然量不多，但也会在一定程度上影响环形转录本的组装，产生假转录本。因此，在使用 CircAST 之前，仔细的样品制备是至关重要的。此外，CircAST 的当前版本可以组装外显子来源的环形转录本，可能遗漏内含子来源或基因间区的环形转录本。尽管这些类型的环形转录本只占总环形转录本的一小部分，但未来可通过算法升级，以重构各种来源的环形转录本或之前未能识别的新外显子的环形转录本。

第**3**章

环形RNA转录本定量计算研究

3.1 引言

环形 RNA 的内部普遍存在可变剪接事件，且基因在不同时期、不同样本以及不同地域都会有不同的剪接方式，因此环形 RNA 会因其内部不同的可变剪接事件而产生不同的环形异构体，它们有着不同的全长序列，也造成了蛋白质在生物学功能上的差异。在对环形 RNA 的全长转录本进行重构后，接下来一个重要的任务就是对这些环形异构体进行转录本水平上的定量计算，得到它们精确的表达丰度，进而可更准确地获得不同剪接形式导致的功能差异。

近年来，研究者们对于线性转录本的定量已经有了较为深入的研究，也开发出了各种工具，这些工具大多是将组装和定量任务合并在一起，同时具有转录本重构和量化的功能，如 Cufflinks[84]、StringTie[85]、MISO[113]、CIDANE[106]、Scallop[107] 等。线性转录本定量的一个主要方法是基于比对的转录本定量（alignment-based transcript quantification），即将读段比对到参考转录组，根据测序读段比对到每个转录本中的数目估计转录本丰度，一般在生成的结果中用 FPKM、每千个碱基的转录每百万映射读段的转录本（transcripts per kilobase of exon model per million mapped reads，TPM）两种方法标准化。该过程中最大的难点是由于可变剪接和基因重复等，部分读段可能比对到多个转录本或者多个基因上，造成定量困难，即读段的多重比对问题。例如，如图 3.1 所示，a、b、c、d 是四个外显子，由于可变剪接，转录后形成 A、B、C 三个转录本，读段 R 同时比对到这三个转录本上，无法确定它究竟来源于哪个转录本。

一般有两种方法用来解决上述问题：一是采用只比对到一个参考位置的读段数量计算表达量，典型的算法有 Alexa-seq[114] 等，但是这样没有充分利用所有读段的比对信息；二是采用概率统计模型处理读段分配的问题，包括基于似然函数的方法（likelihood-based methods）和基于回归的方法（regression-based methods）[115]。

其中，基于似然函数的方法是通过最大化基于统计模型的似然函数或后验概率来估计转录本丰度，这类方法可以很容易地修改似然函数，以纳入样本的先验信息，从而提高量化的准确性，故使用起来非常方便，代表的算法有 Cufflinks[84]、RSEM[116]、MISO[113] 等；而基于回归的方法则将转录本异构体定量问题描述为线性或广义线性模型，并将基于区域的读段计数（或比例）作为响应变量、候选异构体作为预测变量、异构体丰度作为待估计的系数（参数），代表的算法有 rQuant[117]、SLIDE[118]、IsoLasso[119] 和 CIDANE[106] 等。

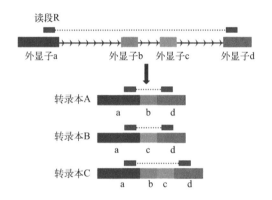

读段R

外显子a　　外显子b　外显子c　　外显子d

转录本A

a　b　d

转录本B

a　c　d

转录本C

a　b　c　d

图3.1　可变剪接产生的读段多重比对示意图

环形 RNA 转录本定量过程中的难点依然是由可变剪接而导致的读段多重比对问题，然而由于环形 RNA 的特殊结构，线性转录本的定量工具对环形 RNA 并不适用。笔者在第 2 章介绍的算法 CircAST 中加入了对环形 RNA 转录本定量的功能，本章对其作详细介绍。

3.2　基于EM算法的环形RNA转录本定量计算方法

CircAST 使用了期望最大化（expectation maximization，

EM）算法[120] 对每个基因区域估计其重构的环形 RNA 转录本的丰度。设该基因区域上的环形转录本集合为 T，其包含环形转录本的个数为 J，其中第 i 个环形转录本所占的比例为 θ_i，故对于 $1 \leqslant i \leqslant J$，有 $0 \leqslant \theta_i \leqslant 1$，且 $\sum_{i=1}^{J} \theta_i = 1$，$\Theta = (\theta_1, \theta_2, \cdots, \theta_J)^{\mathrm{T}}$ 即为该基因上环形转录本的丰度。设比对到该基因上以及剪接位点上的读段的集合为 R，其包含的读段数量为 N。由于测序的时候每个片段都来自某一环形转录本，可以用一个 $N \times J$ 的矩阵 $\boldsymbol{Z} = (z_{ij})_{N \times J}$ 来表示读段和其所在转录本的对应情况，如式（3-1）所示：

$$\boldsymbol{Z} = (z_{ij})_{N \times J} = \begin{pmatrix} 1 & 0 & 0 & \cdots & 0 \\ 0 & 0 & 1 & \cdots & 0 \\ 0 & 0 & 0 & \cdots & 1 \\ \cdots & \cdots & \cdots & \cdots \\ 0 & 1 & 0 & \cdots & 0 \end{pmatrix} \tag{3-1}$$

矩阵 $\boldsymbol{Z}$ 的行代表读段，列代表环形转录本。如果第 i 个读段来自第 j 个环形转录本，则 $z_{ij} = 1$；否则 $z_{ij} = 0$。因此 $\boldsymbol{Z}$ 矩阵的每一行只能有一个元素是 1，其余元素均是 0，而矩阵 $\boldsymbol{Z}$ 的每一列元素的和则代表了这列对应的环形转录本上产生的总读段数，设为 n，则 $\dfrac{n}{N}$ 代表了对应于该转录本的 θ。

然而，因为不同的环形 RNA 内部可以共享外显子，故大部分读段可能会比对到多个环形转录本，所以并不能通过测序数据得到上述的矩阵 $\boldsymbol{Z}$，而只能得到如下矩阵 $\boldsymbol{X} = (x_{ij})_{N \times J}$，形式如下：

$$\boldsymbol{X} = (x_{ij})_{N \times J} = \begin{pmatrix} 1 & 1 & 1 & \cdots & 0 \\ 0 & 1 & 1 & \cdots & 1 \\ 1 & 0 & 1 & \cdots & 1 \\ \cdots & \cdots & \cdots \\ 0 & 1 & 1 & \cdots & 1 \end{pmatrix} \tag{3-2}$$

也就是说矩阵的每一行会有多个元素是 1。可以肯定的是，当 $x_{ij} = 0$ 时，必有 $z_{ij} = 0$，但是当 $x_{ij} = 1$ 时，z_{ij} 有可能为 0，也有可能为 1，所以需要通过一定的方法从矩阵 $\boldsymbol{X}$ 推断出矩阵 $\boldsymbol{Z}$。

通过模拟测序过程中片段生成的物理过程可以发现，环形转录本上产生读段的概率会随着环形转录本的长度近似线性增加。为考虑这种效应，重新调整转录本的丰度。设第 i 个环形转录本的长度为 l_i，调整后的转录本丰度为 $\alpha = (\alpha_1, \alpha_2, \cdots, \alpha_J)^{\mathrm{T}}$，其中

$$\alpha_i = \frac{\theta_i l_i}{\theta_1 l_1 + \theta_2 l_2 + \cdots + \theta_J l_J} = \frac{\theta_i l_i}{\sum\limits_{k=1}^{J} \theta_k l_k}, 1 \leqslant i \leqslant J \quad （3\text{-}3）$$

式中，α_i 代表了随机取一个读段，它来自第 i 个环形转录本的可能性，$\sum\limits_{i=1}^{J} \alpha_i = 1$。

设比对到该基因上以及剪接位点上的读段集合为 R，其包含的读段数量为 N，目标是根据读段产生的过程推断出最能解释所观察读段情况的转录本潜在丰度。由于环形 RNA 内部可变剪接事件的普遍存在，当一条读段比对到基因组上时，不知道它究竟来源于哪个异构体，由此推断的片段长度就不一样 [图 3.2（a）]。设第 i 个读段来源于第 j 个环形转录本，由此得到的片段长度记为 $l_{ij}f$。与线性 mRNA 不一样的是，长度较短的环形 RNA 在测序的时候可能会出现"绕圈"的情况，如图 3.2（b）所示，这时候，$l_{ij}f$ 应该在观测值的基础上加上该环形转录本的长度进行修正。由测序的原理知，片段长度是一个随机变量，设其服从正态分布，记为 F。而对于长度为 l 的环形转录本，在其某一位置任取一个片段的概率为 $\dfrac{1}{l - 2k + 2}$，其中 k 为事先设定的有效比对的阈值，在 CircAST 算法中设为 3 bp，则模型的似然函数为：

$$L(\Theta|R) = \prod_{r \in R} P(r|\Theta)$$

$$= \prod_{r \in R} \sum_{t \in T} P(r|transcript\ t) P(transcript\ t)$$

$$= \prod_{i=1}^{N} \sum_{j=1}^{J} \alpha_j \left[\frac{F(l_{ij}f)}{l_j - 2k + 2} \right] = \prod_{i=1}^{N} \sum_{j=1}^{J} \frac{\theta_j l_j}{\sum\limits_{k=1}^{J} \theta_k l_k} \left[\frac{F(l_{ij}f)}{l_j - 2k + 2} \right]$$

$$（3\text{-}4）$$

许多线性转录本的定量工具（例如 Cufflinks[84] 和 Sailfish[92]）在定量计算过程中对转录本的长度进行了修正，因为 mRNA 中

存在边界，所以转录本上能产生读段部分的长度应为该转录本的长度减去片段长度再加 1，将此定义为线性转录本的"有效长度"。但是，环形 RNA 是首尾相连没有边界的，在深度测序中没有"边缘效应"，因此在环形 RNA 定量时其转录本的长度不需要修正，这点是和线性转录本不一样的地方，在构造似然函数的时候应该注意。

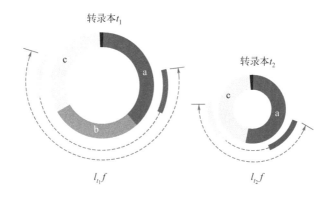

(a) 同一片段比对到不同的环形RNA
异构体上推断出不同的片段长度

(b) 短环形RNA测序示意图

图3.2　不同环形RNA异构体上片段长度的情况以及短环形RNA的测序示意图
a、b、c为按5′-端到3′-端顺序排列的三个外显子

CircAST 通过 EM 算法最大化似然函数进而估计参数 Θ 的值。该似然函数是线性非负的，且其对数似然函数是凹的，因而具有唯一的极大值。EM 算法是通过迭代实现的，设对任意的

$1 \leqslant i \leqslant J$，$\theta_i$ 的初值均为 $\dfrac{1}{J}$，算法的收敛条件设为前后两次迭代 Θ 所有分量的差值都足够小，即：

$$\sum_{i=1}^{J} \left| \theta_i^{(k+1)} - \theta_i^{(k)} \right| < \varepsilon \qquad (3\text{-}5)$$

式中，ε 取 0.0001；k 表示第 k 次迭代。

EM 算法在 E 步和 M 步不断迭代，直到满足收敛条件为止。

CircAST 以 FPKM、TPM 和映射到环形转录本全长的读段计数（read counts）的形式报告环形 RNA 转录本的表达水平。在以前的研究中，每百万映射的读段（reads per million mapped reads，RPM）经常被用来评估环形 RNA 的表达[19]。由于比对软件的限制，环形 RNA 反向剪接位点上读段的数量通常低于对应的环形 RNA 全长序列上所有读取的数量，且 RPM 不能量化来自相同反向剪接事件的不同异构体。而 FPKM、TPM 和读段计数的度量可以弥补这个缺陷，并分别以相对值和绝对值报告来自相同反向剪接事件的不同异构体的丰度。

3.3　模拟数据验证

3.3.1　模拟数据集

本章中对 CircAST 绝对定量准确性的验证使用的模拟数据集为第 2 章中人类 RNA-seq 的模拟数据集，即同一测序长度（100 bp）下，测序深度分别为 0.09×10^6、0.18×10^6、0.37×10^6、0.74×10^6、1.48×10^6、2.96×10^6 和 5.92×10^6 的 7 个数据集，以及同一测序深度（2.96×10^6）下，测序长度分别为 50 bp、75 bp、100 bp、125 bp、150 bp 的 5 个数据集。同时，为了验证 CircAST 绝对定量准确性，在人类基因组上选取 4 个环形 RNA（分别是 *circNOLC1*、*circPAFAH1B2*、*circDHPS*

和 *circEXOSC10*），对这 4 个环形 RNA 包含的 10 个转录本异构体分别设置了它们在 8 种不同状态下的表达量，用模拟软件 CircAST-sim 生成了 8 个数据集。不同数据集中的 FASTQ 格式的数据均使用 TopHat2 进行比对，然后将比对结果中的 SAM 文件、生成数据时用的环形 RNA 反向剪接位点列表以及基因注释的 GTF 文件一起输入 CircAST，CircAST 软件具有同时对环形 RNA 转录本组装和定量的功能，在输出转录本全长序列组成的同时，会输出每个环形转录本的表达量。

3.3.2 算法性能评估

CircAST 的输出文件中有每个环形转录本的表达量，而在生成所有模拟数据集之前，对每个环形转录本也会预设一个值作为其表达量，可以用这两者之间的 Pearson 相关系数和 Spearman 相关系数来评价 CircAST 定量计算的准确性。

表 3.1 显示了算法对同一测序长度（100 bp）下不同测序深度数据的定量效果。从表中可以看出，随着测序深度的增加，Pearson 相关系数和 Spearman 相关系数都随之增大，当测序深度达到 0.37×10^6 及以上时，Spearman 相关系数可达到 0.789 以上。说明当满足一定测序深度时，每个环形 RNA 的反向剪接位点及其内部均有足够的测序片段覆盖，算法能捕捉到大部分转录本的表达丰度信息，故有着较好的定量效果。

表3.1　算法对不同测序深度数据的定量效果

读段数量/（$\times 10^6$ 个）	0.09	0.18	0.37	0.74	1.48	2.96	5.92
Pearson 相关系数	0.658	0.690	0.719	0.724	0.737	0.749	0.762
Spearman 相关系数	0.721	0.750	0.789	0.794	0.806	0.812	0.820

表 3.2 显示了算法对同一测序深度（2.96×10^6）下不同测序长度数据的定量效果。从表中可以看出，当测序长度在 100～150 bp 时，相关系数较高，算法表现较好。

表3.2 算法对不同测序长度数据的定量效果

读段长度/bp	50	75	100	125	150
Pearson 相关系数	0.609	0.669	0.749	0.759	0.715
Spearman 相关系数	0.623	0.720	0.812	0.827	0.784

除了绝对定量，研究者有时还会关注不同条件或不同样品中某些特定的环形RNA的相对表达量。为了评估算法在不同条件下的相对定量性能，笔者挑选了8个环形RNA，其中4个环形RNA有2个异构体、4个环形RNA有3个异构体，让它们的表达量在8个数据集中动态变化，然后用CircAST分别进行定量计算。为了将转录本水平的定量与反向剪接位点水平的定量相比较，分别计算匹配到每个转录本上的理论丰度与匹配读段数值以及反向剪接位点的读段数与理论丰度值之间的相关系数（表3.3），发现转录本水平的定量相关系数都在0.849以上，远远高于反向剪接位点水平的定量，说明CircAST能很好地对环形RNA实现基于转录本水平的相对定量，能精准地捕捉到环形RNA在不同条件下表达量的动态变化，比一般文献中采用的反向剪接位点水平的定量要准确得多。

表3.3 算法对8个环形RNA进行相对定量的效果

环形转录本	Pearson 相关系数	
	匹配读段数 vs. 理论丰度值	反向剪接位点的读段数 vs. 理论丰度值
circNOLC1-1-1/circNOLC1-1-2	0.917/0.985	0.488/0.692
circPAFAH1B2-1-1/circPAFAH1B2-1-2	0.987/0.978	0.747/0.730
circDHPS-1-1/circDHPS-1-2/circDHPS-1-3	0.934/0.987/0.986	0.662/−0.073/0.588
circEXOSC10-1-1/circEXOSC10-1-2/circEXOSC10-1-3	0.993/0.849/0.852	0.668/0.684/0.619
circVPS13D-2-1/circVPS13D-2-2	0.990/0.990	0.623/−0.478
circNEK7-1-1/circNEK7-1-2	0.856/0.990	0.869/−0.414
circAP2A2-1-1/circAP2A2-1-2/circAP2A2-1-3	0.980/0.897/0.982	−0.096/0.414/0.441
circSTK24-1-1/circSTK24-1-2/circSTK24-1-3	0.978/0.951/0.965	0.511/−0.496/−0.480

随机选取表3.3中的环形RNA *circPAFAH1B2*，考察它的2个可变剪接异构体的理论丰度值与匹配到转录本全长序列的读段数、反向剪接位点的读段数，并作出散点图（图3.3）。从图中可以直观地看出转录本水平的定量与理论丰度值高度相关（蓝色点），R^2值分别达到了0.974和0.957，而反向剪接位点水平的定量准确度明显较低（红色点），R^2值只有0.558和0.533。反向剪接位点的读段数不能区分出来自同一反向剪接位点处的多个环形异构体的表达水平，因此根据模型把读段分配给不同的环形异构体来进行转录本水平的定量是非常必要的。

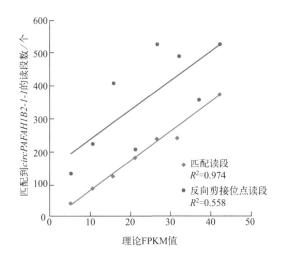

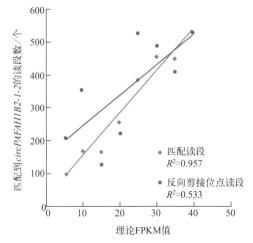

图3.3 *circPAFAH1B2*的转录本水平定量与反向剪接位点水平定量效果对比图

3.4 实验验证

为了验证 CircAST 预测的环形 RNA 转录本的相对丰度，设计引物以定量 8 个环形 RNA 转录本的表达，表 3.4 列出了它们在基因组上的详细位置信息，表 3.5 为所使用的引物信息。由于来自基因 *Ccar* 和 *Gcl* 的转录本 circCcar 和 circGcl 在不同样本的 RNA-seq 数据中表达相对稳定，故被作为标准化的内参。具体的实验过程如下：取 1 周龄和 3 周龄的小鼠睾丸组织，加入 TRIzol 试剂分离总 RNA，使用 NEBNext rRNA Depletion Kit（Human/Mouse/Rat）试剂盒去除核糖体 RNA（rRNA），然后加入核糖核酸外切酶（RNase R），消化其中的线性 RNA 分子。将 RNA 随机打断成片段后，使用 PrimeScript™ RT Master Mix 试剂盒进行 cDNA 文库制备。将得到的 cDNA 作为模板，使用对环形 RNA 转录本特异的引物对和两个阴性对照（circCcar 和 circGcl）进行实时 qPCR。反应体系配置如下：连续稀释的 cDNA 1 μL，荧光定量 PCR 预混液 10 μL，正向引物和反向引物各 0.5 μL，ddH$_2$O 8 μL。使用 QuantStudio 5 实时 PCR 系统进行实时 PCR 分析，反应程序设置如下：95 ℃预变性 5 min；然后进入循环，95 ℃ 变性 10 s，60 ℃退火及延伸 1 min，共 40 个循环；最后 72 ℃延伸 5 min。通过使用比较阈值循环确定倍数差异，结果表明，qPCR 的定量结果与 CircAST 的估计结果一致，从而验证了 CircAST 对环形 RNA 基于转录本水平定量的准确性（图 3.4）。

表3.4　定量实时PCR环形RNA转录本

环形 RNA	宿主基因	外显子数量/个	外显子信息	长度/bp
chr11：31055458|31061586	*Asb3*	4	31055458-31055570, 31056102-31056237, 31058822-31058999, 31061389-31061586	625
chr13：37888871|37899787	*Rreb*	5	37888871-37888972, 37892552-37892658, 37893772-37893984, 37898412-37898501, 37899624-37899787	676
chr15：103419958|103425531	*Gtsf1*	4	103419958-103420021, 103420473-103420556, 103421190-103421316, 103425431-103425531	376

环形RNA	宿主基因	外显子数量/个	外显子信息	长度/bp
chr16：17373350|17389457	*Pi4ka*	6	17373350-17373416，17376918-17377177，17378442-17378514，17381801-17381889，17386236-17386329，17389341-17389457	700
chr17：80044494|80053641	*Hnrnpll*	6	80044494-80044565，80048608-80048680，80048765-80048861，80049807-80049892，80050628-80050865，80053523-80053641	685
chr5：25347361|25353408	*Kmt2c*	5	25347361-25347480，25349812-25349940，25351052-25351264，25352227-25352292，25353299-25353408	638
chr9：64204431|64214609	*Map2k1*	4	64204431-64204482，64205111-64205188，64212584-64212730，64214399-64214609	488
chr9：22643745|22679064	*Bbs9*	6	22643745-22643847，22645964-22646068，22655225-22655365，22659050-22659145，22670785-22670957，22678912-22679064	771

表3.5　qPCR实验所用引物信息

环形RNA转录本	引物	引物序列（5′→3′）
circAsb3-1-1	cAsb3-1-1-F	GCTGCTGCACAAATGGGCCATACA
	cAsb3-1-1-R	GGCACTCTTCCCGTCCTCCAAACA
circRreb1-1-1	cRreb1-1-1-F	CGTAGCGAGTGTCACAGAGAA
	cRreb1-1-1-R	TGTGTTGTGCTGACGGATGT
circGtsf1-4-1	cGtsf1-4-1-F	CCAGAGTCTCTTGTCCAAGGTTCC
	cGtsf1-4-1-R	TTGGCTACTTGTCCCTTCAATGCT
circPi4ka-2-1	cPi4ka-2-1-F	TGGGCTAACCTGAGAGATGCTGGA
	cPi4ka-2-1-R	CTAGAAGGTGTCCGAAGGCGTTCC
circHnrnpll-1-1	cHnrnpll-1-1-F	GCTTGTCTCTGGCGACCCTTTCCT
	cHnrnpll-1-1-R	GCCCAGAAGGCTAAAGCAGCACTC
circKmt2c-2-1	cKmt2c-2-1-F	GCTGTGACTGTGAGGCTCTGTAG
	cKmt2c-2-1-R	GACTGCTGCGACTCTTCTCTTGT
circMap2k1-1-1	cMap2k1-1-1-F	ATCTCGCCGTCGCTGTAGAA
	cMap2k1-1-1-R	GGTGGAGTGGTCTTCAAGGTCT
circBbs9-4-2	cBbs9-4-2-F	CCTGTCAGTCTGCTCGGTCTTC
	cBbs9-4-2-R	AGGCGGAGGATGAGTTCATTGGTT
circCcar	cCcar-F	ACTGAAGACTCCGACTGCTGTTAT
	cCcar-R	CTGTGGCTGCGTCTGCAATAG
circGcl	cGcl-F	GGCGATGTTCTTGAGACTCTG
	cGcl-R	CTCCACAGTGTTGAACTCAGAC

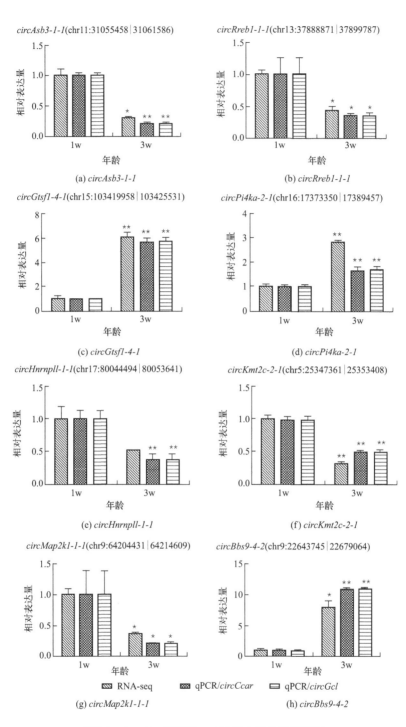

图3.4 CircAST对环形RNA转录本定量结果验证

*——$p < 0.05$；**——$p < 0.01$；

1w—1周；3w—3周

3.5　与现有算法的比较

Sailfish-cir[91] 是一种环形 RNA 的定量工具，其可以估计同一反向剪接位点中环形 RNA 的表达量，但不能估计每个环形转录本异构体的表达量。为了方便比较，在模拟数据集中选择仅有一个可变剪接异构体的环形 RNA，分别用 CircAST 和 Sailfish-cir 估计其表达水平，并计算估计值与理论值之间的相关系数。

表 3.6 所列为两个工具在同一测序长度（100 bp）下不同测序深度数据集中的定量比较，从表中可以看出，当测序深度大于 0.09×10^6 时，CircAST 的定量效果均优于 Sailfish-cir，Pearson 相关系数和 Spearman 相关系数几乎能达到 0.8 左右，而 Sailfish-cir 仅为 0.51 ~ 0.72。

表3.6　CircAST 和 Sailfish-cir 对不同测序深度数据的定量效果对比

读段数量/($\times 10^6$个)		0.09	0.18	0.37	0.74	1.48	2.96	5.92
Pearson 相关系数	CircAST	0.70	0.78	0.8	0.8	0.8	0.81	0.78
	Sailfish-cir	0.56	0.53	0.53	0.51	0.51	0.52	0.52
Spearman 相关系数	CircAST	0.67	0.78	0.81	0.82	0.83	0.83	0.81
	Sailfish-cir	0.74	0.72	0.72	0.71	0.71	0.71	0.71

表 3.7 所列为两个工具在同一测序深度（2.96×10^6）下不同测序长度集中的定量比较，从表中可以看出，CircAST 的定量效果均优于 Sailfish-cir，当测序长度大于 75 bp 时，其 Pearson 相关系数和 Spearman 相关系数都能达到 0.7 以上，当测序长度为 125 bp 时相关性最高，这与之前的表 3.2 结论一致，而 Sailfish-cir 随着测序长度的增加相关性逐渐减小，当测序长度为 150 bp 时其 Pearson 相关系数已降至 0.307，说明相比而言，CircAST 的定量结果要准确得多。

表 3.7　CircAST 和 Sailfish-cir 对不同测序长度数据的定量效果对比

读段长度 /bp		50	75	100	125	150
Pearson 相关系数	CircAST	0.612	0.711	0.807	0.849	0.808
	Sailfish-cir	0.646	0.589	0.516	0.407	0.307
Spearman 相关系数	CircAST	0.616	0.750	0.834	0.860	0.804
	Sailfish-cir	0.732	0.725	0.711	0.673	0.625

3.6　人细胞系、小鼠睾丸和原鸡肌肉中环形RNA的表达与分析

笔者在 NCBI 的 SRA 数据库下载了 6 个数据集，其中包括来自人类细胞系 HeLa（SRA：SRR1636985，SRR1636986，SRR3476956）[73]、HEK293（SRA：SRR3479244）[83] 和 Hs68（SRA：SRR444974）[11] 的 5 个数据集，以及 1 个原鸡肌肉数据集（SRA：SRR4734704）[121]。把这些数据和第 2 章里测得的小鼠睾丸数据一起，用上游软件 CIRI2 检测到反向剪接位点后，选取至少 5 个读段支持的环形 RNA，用 CircAST 进行了分析。每个数据集的详细情况、重构的环形 RNA 数量以及得到的环形转录本数量见表 3.8。

表 3.8　人、小鼠和原鸡数据集情况

样本	数据来源(SRA 检索号)	测序策略	反向剪接位点数量 / 个	转录本数量 / 个
HeLa(人类)	SRR1636985, SRR1636986 & SRR3476956	PE100	4549	5253
HEK293(人类)	SRR3479244	PE150	4201	4533
Hs68(人类)	SRR444974	PE100	9982	11412
睾丸(小鼠)	本研究	PE101	5362	6542
肌肉(原鸡)	SRR4734704	PE100	1203	1304

注：所有的数据均为经RNase R处理的RNA-seq数据。

在三个人类细胞系的数据集分别从 4549 个、4201 个和 9982 个反向剪接环形 RNA 中构建了 5253 个、4533 个和 11412 个外显子来源的环形 RNA 转录本，它们之间的交集如图 3.5 所示。这三个细胞系之间的环形转录本差异很大，这表明环形 RNA 的表达在不同细胞的类型中受到不同的调控。此外，在小鼠睾丸和原鸡肌肉数据中分别重建了 6542 个和 1304 个外显子来源的环形 RNA 转录本。分析这三个物种中环形转录本的表达特征，发现在三个人类细胞系中，大多数外显子来源的环形转录本序列包含 2 ～ 4 个外显子，约占环形转录本总数的 60%，而 13% ～ 20% 的环形转录本包含 6 个及以上的外显子。然而，小鼠睾丸和原鸡肌肉样本中的环形转录本包含更多的外显子，有大于 30% 的转录本中超过了 6 个外显子（图 3.6）。在所有的环形 RNA 转录本中，约 50% 的转录本的全长在 100 ～ 600 bp，其中 10% 的转录本长度超过 1200 bp（图 3.7）。平均而言，小鼠睾丸和原鸡肌肉中的环形转录本比人类细胞系中稍长。只有在正确组装环形 RNA 异构体后，才能揭示出这一有趣的结果。

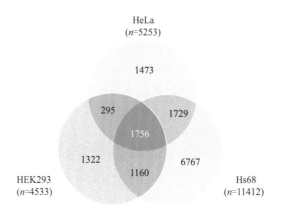

图3.5　三个人类细胞系中重构出的环形转录本数量关系图

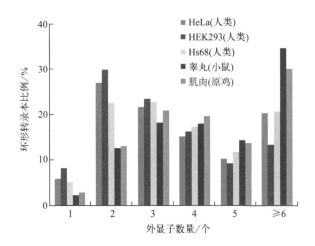

图3.6　不同物种的环形转录本包含的外显子数目

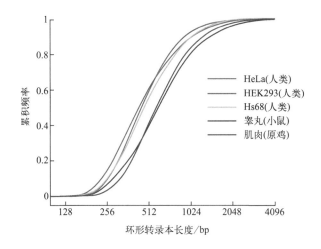

图3.7　不同物种的环形转录本长度累积分布图

　　进一步分析来自所有数据集的环形 RNA 中的可变剪接事件，如图 3.8 所示，大约 7% ～ 22% 的环形 RNA 通过其内部的可变剪接事件产生了多个环形异构体［图 3.8（a）］，有 14% ～ 22% 的环形转录本经历了外显子跳跃［图 3.8（b）］。这些观察结果表明，环形 RNA 中的可变剪接事件广泛存在于不同物种中。此外，还发现一些可变剪接事件仅存在于环形 RNA 中，而在其同源的线性 mRNA 转录本中却不存在（附录 4 ～附录 7），这与之前小鼠睾丸中的观察结果一致［图 2.10（b），附录 2］。

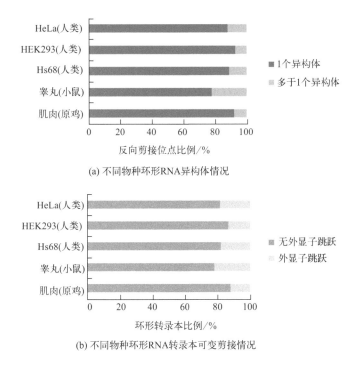

(a) 不同物种环形RNA异构体情况

(b) 不同物种环形RNA转录本可变剪接情况

图3.8　不同物种环形RNA内部可变剪接情况

对于由可变剪接产生的具有多个异构体的环形 RNA，计算表达量最高和次高的两个异构体的相对丰度比。如图 3.9 所示，有 46.2% ～ 62.2% 的环形 RNA 该比值低于 10，表明这些环形 RNA 中都至少存在两个主要的异构体，从而扩大了环形 RNA 的多样性。此外，挑出每个环形 RNA 中表达量最高的异构体观察其内部的可变剪接事件，发现其中有相当一部分比例（28% ～ 48%）的环形转录本在反向剪接位点的内部跳跃了一个或多个外显子（图 3.10）。这些结果共同表明，不能按基因组顺序简单地将反向剪接位点之间的所有已知外显子连接起来，以推断全长环形转录本序列，也不能以这种方式预测表达量最高的异构体。

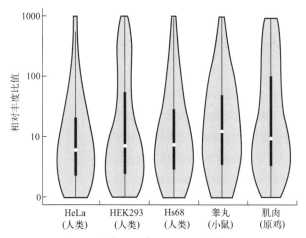

图3.9　表达量最高和次高的环形异构体丰度比分布

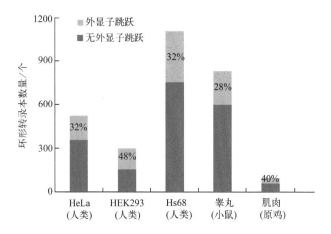

图3.10　表达量最高的环形RNA异构体内部外显子跳跃情况

3.7　小结

表达量估计也是环形RNA研究中的重要内容，通过定量，可以筛选获得差异表达的环形RNA，精确估计基因的表达水平，为后续开展环形RNA及基因功能研究奠定基础。本章详细介绍了 CircAST 对环形 RNA 可变剪接体定量的方法，并通过模拟数据和真实数据对其准确性进行了验证。同环形 RNA 其他的定量工具相比，CircAST 的定量功能具有以下优点：

① 在转录本水平上对环形 RNA 进行精确定量，能准确地估计环形 RNA 不同剪接形式在不同条件下的表达量，相比反向剪接位点水平的定量，不仅考虑到了转录异构体的差异，也减小了因反向剪接位点读段检测的疏漏而带来的定量计算的误差，因而更准确。

② 以模型为基础考虑读段在同一基因的不同转录本上的分配，选取针对环形 RNA 定量的似然函数，通过 EM 算法最大化似然函数以估计参数的值从而实现转录本的表达丰度估计，避免了以计数为基础的方法的缺陷。

③ 输出文件中报告环形 RNA 转录本的表达水平既用了 FPKM 和 TPM 这两个标准化的指标，也用了映射到环形转录本全长的读段计数这个指标，既有相对值，也有绝对值，可满足多种不同的需要。

从模拟数据的验证效果来看，CircAST 有着很好的定量效果。当测序深度达到 0.37×10^6 及以上时，相关系数可达到 0.789 以上；当测序读长在 $100 \sim 150$ bp 时，相关系数可达 $0.784 \sim 0.827$。而对真实数据进行的 qPCR 分析也验证了 CircAST 定量的准确性。

第 4 章

小鼠睾丸和卵巢中环形RNA全长转录本表达谱分析

4.1 引言

  CircAST 算法可基于 RNase R 处理的 RNA-seq 数据对环形 RNA 转录本进行组装和定量，可将其应用在不同组织的数据中，以研究环形 RNA 在组织间的表达特点和差异，深入理解环形 RNA 的生物学功能。本章以小鼠的两个典型生殖腺组织——睾丸和卵巢为研究对象，来验证 CircAST 的实用性。

  在雌雄哺乳动物中，两种性别的存在使胚胎发育的遗传和生物学过程复杂化，它需要一种胚胎形成策略，该策略可以在每个物种中产生两种生理上不同类型的成熟生物。胚胎的早期发育在两性中是相似的，直到胎儿阶段，此时雄性和雌性走上不同的发育轨迹，这种分化分别以睾丸或卵巢的形成为标志。睾丸和卵巢既是生殖腺也是哺乳动物体内生殖系统的核心组织器官，它们都起源于一个共同的原始结构——生殖腺嵴。原始生殖腺有向卵巢方向发育的自然趋势。当原始生殖细胞和生殖腺嵴细胞膜表面均具有组织相容性 Y 抗原（histocompatibility Y antigen，H-Y 抗原）时，原始生殖腺才向睾丸方向发育。通常情况下，性染色体为 XY 的体细胞胞膜上有 H-Y 抗原，而性染色体为 XX 的体细胞胞膜上则没有该抗原，故具有 Y 性染色体的体细胞对未分化的生殖腺向睾丸方向分化起决定性作用。

  虽然睾丸和卵巢在功能上是相似的，但它们是显著不同的器官，并且它们的发育是由不同的基因调控和细胞组织驱动的 [122,123]。例如，在性别决定中具有重要调控作用的基因 *SRY* 主要在未分化性腺生殖腺嵴部位表达，并启动下游 *AMH* 和 *SOX9* 等相关基因的表达，诱导生殖腺嵴中睾丸支持细胞的前体细胞的分化 [124]；基因 *WT-1* 与基因 *SF-1* 在未分化性腺的发育早期出现，在性腺发生和性别决定中具有重要作用 [125,126]；而基因 *RSPO1*、*WNT4* 和 *DAX1* 都是卵巢发育的关键基因，它们可从不同等级抑制睾丸发育，具有促进卵巢发育的功能 [127-129] 等。这些基因处在调控网络的上游或下游，通过相互协同或拮抗而共同发挥作用。某个基因的表达失调或功能丧失会对其他基因产生重大影响，导致两性发育异常。目前的研究虽然对性别调控机制有了一定程度的认识，但由于性别决定的复杂性，这种认识并不系统和完整，还有待进一步完善。

睾丸和卵巢对雄性和雌性生殖系统的发育起着非常重要的作用。睾丸的主要功能有两个：一是产生精子，维持雄性动物正常的生育功能；二是产生大量的睾丸酮、雄性激素，以维持雄性的第二性征。卵巢的主要功能也有两个：一是形成和释放卵细胞，体现其生殖功能，当卵子和精子结合受精便形成受精卵，即受孕成功，标志着一个新生命的开始；二是分泌雌激素和孕激素，其中雌激素对于雌性生殖器官的生长发育起到了促进作用，维持雌性的第二性征，而孕激素则是协同雌激素让子宫内膜进一步生长发育，为受精卵着床在子宫里做准备。现有的研究已表明睾丸内的精子发生和卵巢内的卵泡生成包含一系列复杂而精确的调控过程，包括不同类型的精原细胞和卵母细胞在形态学和功能学上的变化[130-132]。非编码 RNA 作为表观遗传调控的重要执行者之一，能够在转录和转录后水平对基因表达进行调控，在调控睾丸精子发生和卵巢卵泡发育中的基因动态变化中发挥了重要的作用，正受到研究者的关注，成为转录组的研究热点之一。

环形 RNA 是一类新发现的内源性非编码 RNA，其分子呈封闭环状结构，不含 5′- 端帽子和 3′- 端 Poly（A）尾巴。与传统的线性 RNA 相比，环形 RNA 不易降解，表达更稳定。目前越来越多关于环形 RNA 的研究数据提示其具有重要的分子生物学功能，尤其是充当 miRNA 海绵参与多种病理生理过程。近年来，随着 RNA 深度测序技术和生物信息学方法的发展，大量的环形 RNA 在哺乳动物的睾丸和卵巢组织中被发现，对其在生殖系统中的研究也逐渐深入[133]。Lin 等[134] 发现小鼠精子发生过程中环形 RNA 和 lncRNA（long noncoding RNA，长链非编码 RNA）均表现出了显著的表达变化，提示环形 RNA 可能在精子发生过程中发挥着重要作用；Dong 等[135]也从人类睾丸组织的测序数据中发现了大量新发现的环形 RNA，利用基因本体论（gene ontology，GO）分析发现，其宿主基因主要与精子发生、精子运动和受精作用相关。Cai 等[136,137]的研究也发现人类卵巢组织中含有丰富的环形 RNA，这些环形 RNA 随女性的年龄增长而呈现显著的表达差异，提示这些环形 RNA 可能在卵巢衰老的过程中发挥着重要作用，同时鉴定出与卵巢储备功能、获卵数及优胚率都密切相关的 circDDX10，发现其可能通过影响类固醇激素合成和颗粒细胞增殖凋亡参与卵巢颗粒细胞的功能调控。

已有的研究表明，环形 RNA 内部的可变剪接事件可使得具有同一个反向剪接位点的环形 RNA 产生多个转录本异构体。然而由于生物信息学工具的缺乏，之前的大部分研究对环形 RNA 内部的序列组成没有准确的判断，几乎都是把基因组上的外显子按顺序排列在发生反向剪接的两个外显子中间，以此作为环形 RNA 的全长序列，并且基于反向剪接位点处读段的数量来评估其表达量，进而进行环形 RNA 的差异表达分析。这样的做法在一定程度上阻碍了对特定环形 RNA 功能的理解，包括物种间的进化保守性分析以及不同个体和群体间环形 RNA 可变剪接体的差异。此外，分析环形 RNA 的结合位点和蛋白质编码潜能时也需要知道其全长序列。因此，有必要使用新的工具进行分析并对之前的结果进行修正和补充。

本章将 CircAST 算法应用于小鼠睾丸和卵巢这两个典型的生殖腺组织的 RNA-seq 数据处理，通过对这两个组织中环形 RNA 全长转录本的重构和定量，揭示这两个组织中环形 RNA 可变剪接异构体的特点，并结合其他生物信息学软件分析环形 RNA 在雄性小鼠和雌性小鼠生殖系统中的表达规律（图 4.1），为深入理解环形 RNA 在哺乳动物睾丸和卵巢中的生物学功能、更好地了解睾丸和卵巢内的基因表达调控机制奠定基础。

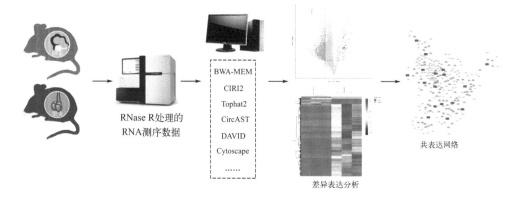

图4.1　小鼠睾丸和卵巢组织高通量测序数据分析示意图

4.2　材料和方法

4.2.1　样本数据集的制备

切取适量成年小鼠睾丸和卵巢组织，分别放入干净的研钵中，加入少量液氮充分研磨。组织样本加入 50 ～ 100 mg/mL TRIzol，分别转入离心管用电动匀浆器充分匀浆后，将组织的 TRIzol 裂解液转入 EP 管中，室温 15 ～ 30 ℃下放置 5 min，使其充分裂解。然后，在 12000 r/min 下离心 5 min，弃沉淀，按照每 1 mL TRIzol 加 200 μL 氯仿的量加入氯仿，剧烈振荡后在室温下放置 15 min，4 ℃下 12000 g 离心 15 min。此时液体分三层，取上层水相移至新离心管中，按照每 1 mL TRIzol 加 0.5 mL 异丙醇的量加入异丙醇混匀，室温放置 5 ～ 10 min，4 ℃下 12000 g 离心 10 min，此时可见 RNA 沉于管底。弃上清液，按每 1 mL TRIzol 加 1 mL 75% 乙醇的量加入 75% 乙醇，温和振荡离心管，悬浮沉淀，4 ℃下 8000 g 离心 5 min，尽量弃上清液，让沉淀的 RNA 在室温下无菌操作台中风干约 10 min。在每个离心管中加入适量的无酶水（RNase-free water）溶解 RNA 样品，用枪头吸打混匀，至完全溶解。

使用 Agilent 2100 生物分析仪芯片系统对上述提取的睾丸组织和卵巢组织的总 RNA 的完整性、纯度及降解程度进行精确的、数字化的评估后，选取质检合格的 6 例标本（小鼠睾丸组织 3 例、小鼠卵巢组织 3 例）进行下一步测序。流程如下：使用 NEBNext rRNA Depletion Kit（Human/Mouse/Rat）试剂盒，根据其说明去除核糖体 RNA（rRNA），然后加入核糖核酸外切酶，于 37 ℃下孵育 10 min，充分消化其中的线性 RNA 分子。将得到的 RNA 随机打断成片段，根据 NEBNext® Ultra™ Directional RNA Library Prep Kit for Illumina® 试剂盒的操作说明，进行 cDNA 文库制备。根据制造商的说明，在 cBot 群集生成系统上使用 TruSeq PE Cluster Kit v3-cBot-HS（Illumina）对索引编码的样本进行聚类。产生群集后，在 Illumina Hiseq 2500 高通量平台上，使用 PE150 测序模式对文库制备物进行测序，并产生配对末端读段。

在上述总 RNA 中另取 6 例标本（小鼠睾丸组织 3 例、卵巢组织 3 例），用寡聚（dT）- 纤维素柱色谱法分离和纯化 mRNA，然后用上述同样的方法进行测序，产生 mRNA 配对末端读段。

4.2.2　环形RNA全长转录本序列组装和定量分析

首先，分别用 BWA 软件和 TopHat2 软件（版本 2.1.1）[138] 将环形 RNA 测序得到的 RNA-seq 读段映射到小鼠参考基因组（版本 mm10，来源于 UCSC Genome Browser），这两个工具能够检测基因和转录本中发生的可变剪接事件。然后使用 CIRI2（版本 2.0.6）[74] 的默认参数检测各样本中的候选环形 RNA。CIRI2 是一款常用的通过 RNA-seq 测序数据鉴定环形 RNA 的软件，其操作简便、准确度较高。如果检测到的候选环形 RNA 覆盖的独立读段数大于等于 5，则被选为最终确定的环形 RNA，连同之前运行 TopHat2 软件得到的结果文件 accepted_hits.bam

（按读段名字排序并转成 sam 文件）以及小鼠基因注释的 GTF 文件一并输入至 CircAST 进行环形 RNA 转录本异构体的组装和丰度估计，结果以 txt 文件输出，其中转录表达量用 FPKM 表示。

4.2.3 环形RNA可变剪接体的差异表达分析

为了分析小鼠睾丸和卵巢组织之间环形 RNA 可变剪接转录本之间的差异表达，使用 t 检验进行显著性检验，并以 P 值 < 0.05 和以 2 为底差异倍数（fold change，FC）的对数的绝对值大于 1（$|\log_2(FC)| > 1$）为阈值筛选两类组织样本中显著差异的环形 RNA 转录本。本部分计算主要使用 Python3.7.3 及其库函数 numpy、scipy 和 math 完成。

4.2.4 功能富集分析

使用在线分析工具 DAVID（第 6.8 版）[139] 对筛选出来的差异表达环形 RNA 转录本相应的宿主基因进行基因本体论（GO）功能富集和京都基因和基因组百科全书（KEGG）数据库信号通路分析。其中基因本体涵盖了生物学的三个方面，分别是生物过程（biological process，BP）、细胞成分（cellular component，CC）和分子功能（molecular function，MF），而 KEGG 数据库是进行基因功能分析和代谢网络研究的强有力工具，它将基因和代谢物（化学信息）以网络图的形式呈现，便于研究者了解机体内基因与代谢物的信号传递过程。GO 和 KEGG 项阈值参数设置均为 P 值 < 0.05，并按富集分数 $-\lg(P$ 值）降序排列。

4.2.5 circRNA-miRNA-mRNA调控网络构建

为了预测小鼠睾丸和卵巢组织中差异表达环形 RNA 全长转录本与 miRNA 之间的相互作用关系，进一步了解这些差异表达的环形 RNA 在性别决定以及小鼠睾丸和卵巢发育过程中的作用，从 miRBase 数据库 [140] 中下载了小鼠 miRNA 序列以及注释，然后使用 miRanda 软件 [141] 对这些差异的环形转录本进行 circRNAs-miRNAs 相互作用预测。使用 Hisat2 软件 [99] 将 mRNA 测序得到的 RNA-seq 读段映射到小鼠参考基因组，用 featureCounts[142] 计算出匹配到基因组上的读段数，再使用 DESeq2 软件 [143] 筛选出在两组织中差异表达的 mRNA，并与 miRTarbase 数据库 [144] 预测的下游靶 mRNA 取交集。最后，根据 circRNA、miRNA、mRNA 三者之间的相互作用关系，基于 ceRNA 理论，用 Cytoscape 软件（第 3.8.0 版）[145] 构建 circRNA-miRNA-mRNA 调控网络，并将其可视化。

4.3 结果

4.3.1 小鼠睾丸和卵巢组织中环形转录本的概貌

首先使用 CIRI2 软件对 3 例小鼠睾丸样本和 3 例小鼠卵巢样本中的环形 RNA 进行了识别，并以至少有 5 个覆盖反向剪接位点的读段支持为条件进行筛选，共得到 40783 个不同的环形 RNA。统计结果显示，这些环形 RNA 中有 72% 来自外显子区域、15% 来源于内含子区域，其余的 13% 来自基因间区［图 4.2（a）］。选择外显子来源的环形 RNA，用 CircAST 对其进行全长转录本的组装和定量，共有 22942 个环形 RNA 成功地得到了重构，其中睾丸组织的 20721 个环形 RNA 重构出 26887 个环形转录本、卵巢组织的 7540 个环形 RNA 重构出 8226 个环形转录本。这两个组织中有 5325 个相同的环形 RNA，它们中的 85% 在两个组织中产生了相同的转录本，而剩余的 15% 在两个组织中有着不同的转录本［图 4.2（b）］。

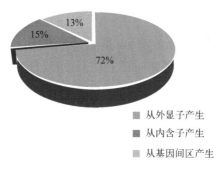

(a) 不同来源环形RNA的分布

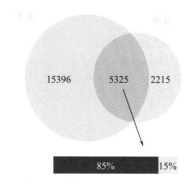

(b) 外显子来源的环形RNA在两
个组织中产生转录本的情况

图4.2　小鼠睾丸和卵巢组织中环形RNA的来源以及产生转录本情况

　　统计每个环形 RNA 产生可变剪接异构体的数量，如图 4.3
所示，在睾丸组织中，81% 的环形 RNA 有 1 个异构体、13% 的
环形 RNA 有 2 个异构体、6% 的环形 RNA 有 3 个及以上的异构
体，而在卵巢组织中，约 93% 的环形 RNA 有 1 个异构体，仅
有 6% 的环形 RNA 有 2 个异构体，1% 的环形 RNA 有 3 个及
以上的异构体，这说明相比卵巢组织而言，睾丸组织中的环形
RNA 内部有着更为丰富的可变剪接事件，由此产生了更具多样
性的转录本异构体。睾丸组织中产生最多异构体的环形 RNA
是位于 17 号染色体的 *circUhrf1*（chr17：56305086|56322125），
共产生了 19 个转录本，卵巢组织中产生最多异构体的环形

RNA 有 2 个，均产生了 8 个转录本，它们都位于 2 号染色体的 *Tasp1* 基因位点，分别是 chr2：139910533|140057499 和 chr2：139883772|140057499。

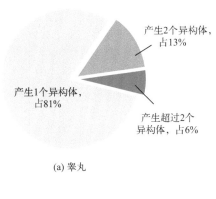

(a) 睾丸

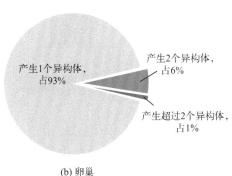

(b) 卵巢

图4.3 小鼠睾丸和卵巢组织中环形RNA异构体数目统计

进一步分析两个组织中环形 RNA 内部的可变剪接事件，如图 4.4（a）所示，在小鼠睾丸组织中，有 30.7% 的环形 RNA 转录本内部发生了外显子跳跃，而在卵巢组织中，这一事件发生的比例仅为 14.8%，说明可变剪接事件确实在睾丸组织中更为普遍流行，从而丰富了睾丸组织中环形 RNA 的多样性。与此同时，在发生的可变剪接的环形 RNA 转录本中，有相当一部分的选择性剪接事件是环形 RNA 特有的，并不存在于与其同源的线性 mRNA 中，这个比例在睾丸组织中约为 74%、在卵巢组织中约为 52%［图 4.4（b）］。这一方面说明环形 RNA 与其同源的线性 mRNA 有着不同的剪接机制，另一方面也说明即使是同为生殖腺组织，睾丸组织和卵巢组织中环形 RNA 的可变剪接事件也有着较大的差异。

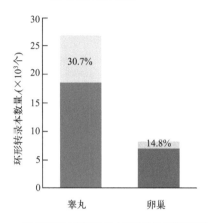

(a) 两组织中环形转录本发生外显子跳跃情况

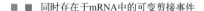

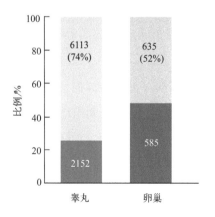

(b) 两组织中环形转录本可变剪接事件分析

图4.4　小鼠睾丸和卵巢组织中环形RNA内部可变剪接事件分析

从环形 RNA 转录本在染色体的分布上来看，2 号染色体有着最多的环形 RNA 转录本，其次是 1 号染色体，Y 染色体上最少（图 4.5）。此外还发现一个有趣的现象，虽然小鼠卵巢组织中除了性染色体外的每条染色体上环形转录本数量均少于睾丸组织对应的染色体，但两者呈高度相关，R^2 达 0.877（图 4.6）。猜测这其中的原因是虽然环形 RNA 在睾丸和卵巢两个组织中呈现出不

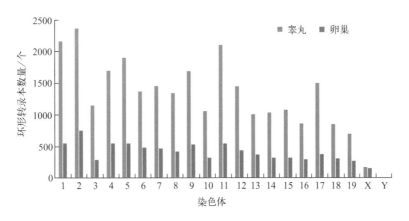

图4.5 小鼠睾丸和卵巢组织中各染色体环形RNA转录本分布图

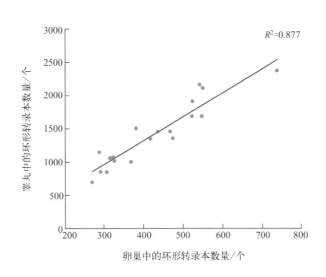

图4.6 小鼠睾丸和卵巢组织中环形转录本在染色体上分布的相关性

同的多样性，但是就某个组织而言，不同染色体上产生的环形转录本的数量很大程度上受该染色体中外显子数目的影响，一般来说长度较长的染色体，如 1 号和 2 号染色体，其含有的外显子数量较多，发生可变剪接的可能性就会大一些，因而可以产生相对数量更多的环形转录本。所以无论是睾丸组织还是卵巢组织，每条染色体上环形转录本的数量均与染色体的长度相关，故这两个组织中的环形 RNA 转录本在染色体上的分布数量也相关（性染色体除外）。

分别计算两个组织中环形转录本的长度，发现睾丸组织中的环形转录本明显比卵巢组织中的环形转录本长［图 4.7（a），Wilcoxon 秩和检验，$p < 0.01$]。进一步地，如图 4.7（b）所示，睾丸组织中的环形转录本出现最多的是长 400 bp 左右，且有19% 的环形转录本长度超过了 1000 bp；而卵巢组织中出现最多的是长 350 bp 左右，且仅有 8% 的环形转录本长度超过了 1000 bp。

从转录本包含的外显子数量上来看，如图 4.8 所示，单外显子的环形转录本数量并不多，睾丸组织中仅占 2.1%，卵巢组织中占 4.7%。大多数环形转录本由多个外显子组成，其中 3 个外

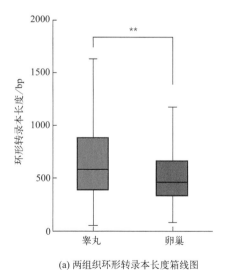

(a) 两组织环形转录本长度箱线图

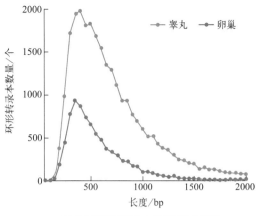

(b) 两组织环形转录本长度频数折线图

图4.7　小鼠睾丸和卵巢组织中环形转录本的长度分布

**—Wilcoxon秩和检验，$p < 0.01$

显子的占比最多，在睾丸组织中占了 18.2%，而在卵巢组织中高达 24.5%。睾丸组织中含最多外显子的环形转录本是位于 4 号染色体的 *circNsmaf*（chr4：6398319|6440989），其含有 28 个外显子；而卵巢组织中含最多外显子的环形转录本是位于 13 号染色体的 *circDip2c*（chr13：9560671|9647040），其含有 24 个外显子。

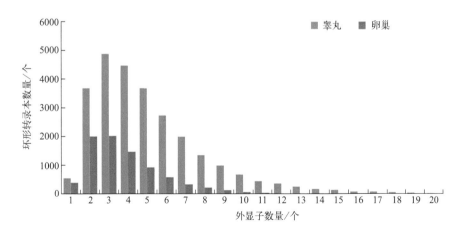

图4.8　小鼠睾丸和卵巢组织中环形转录本中包含外显子的数量

观察两个组织中环形 RNA 的宿主基因，发现睾丸组织中能产生环形 RNA 的基因有 4642 个，而卵巢组织中仅有 2831 个，交集为 2336 个 [图 4.9（a）]。从基因的角度来讲，睾丸组织和卵巢组织产生环形转录本的数量也有着较大区别 [图 4.9（b），Wilcoxon 秩和检验，$p < 0.01$]。此外，睾丸组织中只产生 1 个环形转录本的环形 RNA 宿主基因占 29.5%，产生 10 个以上环形转录本的占 14.1%，而卵巢组织中产生 1 个环形转录本的环形 RNA 宿主基因比例高达 42.7%，产生 10 个以上环形转录本的仅占 1.0% [图 4.9（c）]。睾丸组织中产生转录本数量最多的基因是 17 号染色体上的 *Dnah8* 基因，其产生了 160 个环形转录本；卵巢组织中产生转录本数量最多的基因是 2 号染色体上的 *Tasp1* 基因和 8 号染色体上的 *Arhgap10* 基因，均产生了 52 个环形转录本。

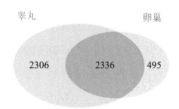

(a) 宿主基因分布韦恩图

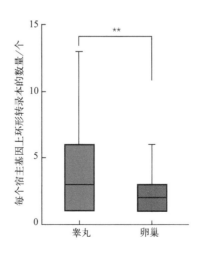

(b) 宿主基因产生环形转录本数量箱线图

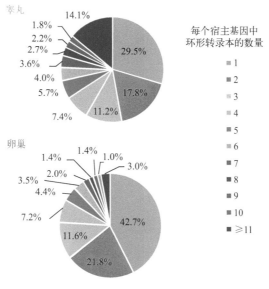

睾丸

卵巢

每个宿主基因中
环形转录本的数量

■ 1
■ 2
■ 3
■ 4
■ 5
■ 6
■ 7
■ 8
■ 9
■ 10
■ ≥11

(c) 宿主基因产生环形转录本数量分布

图4.9　小鼠睾丸和卵巢组织中环形RNA宿主基因产生转录本数量统计与对比

**——Wilcoxon秩和检验，$p < 0.01$

4.3.2　小鼠睾丸和卵巢组织中环形转录本的表达特征

由于环形 RNA 转录本在同类组织不同样本间的表达也有部分差异，为了后期能准确地筛选出小鼠生殖腺组织中发挥关键作用的环形转录本，筛选至少在同一组织的两个样本中表达的环形 RNA 转录本，分别从睾丸组织和卵巢组织中得到 13088 个和 3986 个环形转录本［图 4.10（a）］。其中 10339 个是睾丸组织特有的、1237 个是卵巢组织特有的，2749 个是两种组织共有的。CircAST 成功重构这些转录本的同时，也估计了它们的表达水平并以 FPKM 值给出。从总体表达水平来看，无论是睾丸组织还是卵巢组织，它们中的大部分环形转录本表达水平都较低。就睾丸组织中的环形转录本而言，其中的 40%FPKM 值不超过 1，仅有 13%FPKM 值超过了 5；而在卵巢组织中，43% 的环形转录本 FPKM 值不超过 1，仅有 14% 的环形转录本 FPKM 值超过了 5，两个组织总体表达水平相似［图 4.10（b）］。

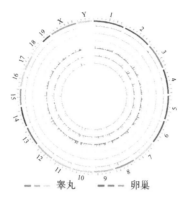

(a) 各样本环形转录本在染色体上的分布

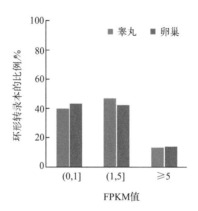

(b) 两组织中环形RNA转录本的总体表达情况

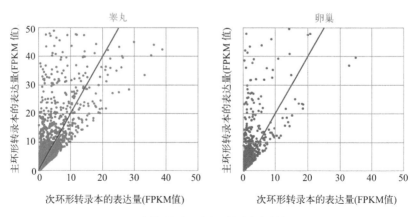

(c) 各基因上主、次环形转录本表达情况

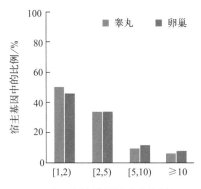

(d) 各基因上主、次环形转录
本表达量之比的分布

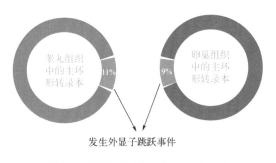

发生外显子跳跃事件

(e) 高表达环形转录本序列中可变剪接情况

图4.10　小鼠睾丸和卵巢组织中环形转录本的表达特征

　　为考察小鼠睾丸和卵巢组织中的环形 RNA 宿主基因中是
否有一个环形转录本的表达起主导作用，筛选出两个组织中能
产生多个环形 RNA 转录本的基因（这类基因在小鼠睾丸组织
的环形 RNA 宿主基因中占 64%，在卵巢组织的环形 RNA 宿
主基因中占 49%），绘制表达量最高和次高的环形转录本（分
别称为主环形转录本和次环形转录本）表达水平的散点图［图
4.10（c），红色线上方的点表示差异倍数在 2 倍以上］，并计
算这两个转录本表达量的比值。发现有超过一半的环形 RNA
宿主基因其主环形转录本的表达量是次环形转录本表达量的 2

倍以上［图 4.10（d）］，这表明对于许多基因来说，虽然其可以通过正向剪接和反向剪接事件产生多个环形 RNA 转录本，但这其中会有一个环形转录本在表达中起着主导作用。进一步观察比值大于 2 的主环形转录本的序列组成，发现睾丸和卵巢组织中分别有 11% 和 9% 的转录本包含了外显子跳跃事件［图4.10（e）］，这说明环形 RNA 中的高表达转录本内部也可能存在着可变剪接事件，而这些转录本可能正是生殖腺组织中发挥重要作用的转录本，说明了根据剪接事件来组装环形 RNA 是很必要的。

重点观察各基因中具有最高表达量的环形转录本，小鼠睾丸组织中是 3455 个、卵巢组织中是 1818 个，它们的交集是1005 个，就卵巢组织来说，有超过一半的高丰度环形转录本在睾丸组织中依然高表达［图 4.11（a）］，这部分环形转录本可能在生殖系统中发挥着重要的作用。统计它们的侧翼内含子的长度，并将它们与随机选取的内含子长度进行比较。结果发现，无论在小鼠睾丸组织中，还是在卵巢组织中，这些高表达的环形转录本侧翼内含子序列明显比随机选取的内含子长［图4.11（b）］，提示侧翼内含子序列和环形 RNA 的环化有一定的关系。

卵巢中的主环形转录本

同时在睾丸中高表达的环形转录本

(a) 小鼠卵巢组织中高表达环形转录
本在睾丸组织中的表达情况

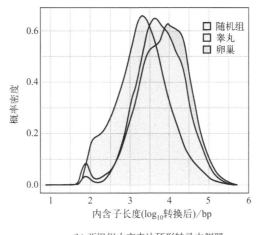

(b) 两组织中高表达环形转录本侧翼
内含子长度的概率密度图

随机组表示随机选取的与环形转录本侧翼
内含子数目相当的内含子(作为对照)

图4.11　高表达环形转录本的相关特点

4.3.3　对差异表达环形转录本的分析

本部分分析小鼠睾丸和卵巢两组织之间同一环形 RNA 全长转录本表达差异情况。首先将各环形转录本的表达量进行标准化,作出同一环形转录本在两类样本中表达量的散点图。如图 4.12(a)所示,横坐标为其在睾丸组织中的表达量,纵坐标为其在卵巢组织中的表达量,对角线表示其在两组织中表达量相等,从图上可以明显看出对角线下方的点比上方的多,说明在睾丸中高表达、卵巢中低表达的环形转录本比在睾丸中低表达而在卵巢中高表达的环形转录本多。进一步地,用 t 检验对环形 RNA 全长转录本在两组织中的表达进行统计分析,设置筛选条件为 P 值 < 0.05 和差异倍数的对数绝对值大于 2 ($|\log_2 \mathrm{FC}| > 2$),发现 2269 个环形转录本在两组织间存在显著性差异表达,与睾丸组织相比,在卵巢组织中上调的环形转录本有 175 个、下调的环形转录本有 2094 个［图4.12（b）］。

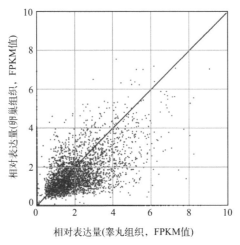

(a) 环形转录本在两组织样本中的表达量散点图

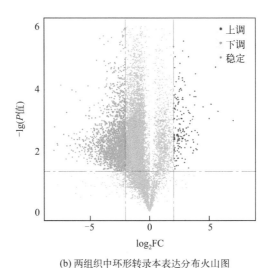

(b) 两组织中环形转录本表达分布火山图

图4.12　小鼠睾丸和卵巢组织中环形转录本的表达分析

　　差异表达的环形转录本来自 1286 个不同的基因，它们分布在小鼠除了 Y 染色体外的所有染色体上（图 4.13）。统计这些转录本在每条染色体上的数目和占比，如表 4.1 所示，排在前三名的分别是 1 号染色体（占 9.61%）、2 号染色体（占 8.86%）以及 17 号染色体（占 7.23%），占比最少的是 X 染色体，仅为 0.48%。表 4.2 和表 4.3 列出了按差异倍数排列前 10 名的统计学上显著上调和下调的环形转录本的详细信息。用热图展示这 6 个生殖腺样本基于环形 RNA 全长转录本差异表达的聚类情况，如图 4.14 所示，睾丸组和卵巢组可以被准确地聚成两类，说明两种组织间环形 RNA 的表达模式是不一样的，睾丸组织中环形 RNA 的表达与卵巢组织中环形 RNA 的表达有着显著的差异。

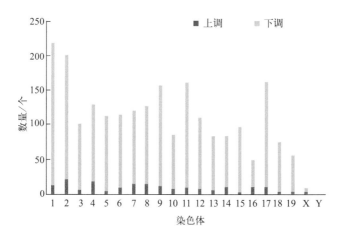

图4.13　小鼠睾丸和卵巢组织中差异环形转录本在各染色体上的分布
上调指的是差异的环形转录本在睾丸组织中低表达，而在卵巢组织中高表达；下调反之

表4.1　小鼠睾丸和卵巢组织差异表达的环形转录本在各染色体上的分布

染色体	上调	下调	比例/%
chr1	12	206	9.61
chr2	20	181	8.86
chr3	5	97	4.50
chr4	17	113	5.73
chr5	4	110	5.02
chr6	9	107	5.11
chr7	14	107	5.33
chr8	13	115	5.64
chr9	11	147	6.96
chr10	8	78	3.79
chr11	9	152	7.10

染色体	上调	下调	比例/%
chr12	7	103	4.85
chr13	6	74	3.53
chr14	11	74	3.75
chr15	3	95	4.32
chr16	3	48	2.25
chr17	11	153	7.23
chr18	4	73	3.39
chr19	4	54	2.56
chrX	4	7	0.48
总计	175	2094	100

表4.2　小鼠卵巢组织中10个显著上调的环形RNA转录本

环形RNA	外显子组成	基因	FC
chr4: 9635901|9639347	9635901-9635969, 9639198-9639347	*Asph*	121.22
chr3: 135655500|135669339	135655500-135655598, 135659028-135659065, 135662915-135662993, 135667753-135667792, 135669270-135669339	*Nfkb1*	51.32
chr6: 119052601|119057515	119052601-119052706, 119057194-119057515	*Cacna1c*	44.58
chr13: 98074999|98077320	98074999-98075292, 98077173-98077320	*Arhgef28*	34.59
chr8: 123382527|123383443	123382527-123382601, 123383325-123383443	*Tcf25*	31.00
chr7: 96729349|96737561	96729349-96729525, 96735685-96735899, 96737351-96737561	*Tenm4*	21.99
chr11: 65218529|65233184	65218529-65218690, 65222032-65222107, 65223734-65223789, 65233119-65233184	*Myocd*	16.80

环形RNA	外显子组成	基因	FC
chr13: 97929411|97936861	97929411-97929705， 97930778-97931263， 97936675-97936722， 97936823-97936861	*Arhgef28*	15.81
chr9: 22643745|22679064	22643745-22643847，22645964- 22646068，22655225-22655365， 22659050-22659145，22670785- 22670957，22678912-22679064	*Bbs9*	15.73
chr19: 17675421|17678557	17675421-17675593， 17678469-17678557	*Pcsk5*	15.46

表4.3　小鼠卵巢组织中10个显著下调的环形RNA转录本

环形RNA	外显子组成	基因	FC
chr9: 55807013|55816809	55807013-55807120，55807606-55807758， 55809102-55809183，55815361-55815503， 55816654-55816809	*Scaper*	377.31
chr10: 120825108|120852092	120825108-120825136，120849976-120850053， 120851984-120852092	*Msrb3*	348.29
chr17: 84993680|85005023	84993680-84994539，85003266-85003383， 85004912-85005023	*Ppm1b*	289.75
chr11: 85077265|85104026	85077265-85077424，85081131-85081249， 85083789-85083894，85103899-85104026	*Usp32*	251.84
chr1: 139133671|139144000	139133671-139133761，139140452-139140520， 139142834-139142890，139143893-139144000	*Dennd1b*	239.18
chr1: 53617725|53623567	53617725-53618410，53620643-53620789， 53623343-53623567	*Dnah7a*	205.96
chr1: 153435918|153437630	153435918-153436136， 153437525-153437630	*Shcbp1l*	200.99
chr2: 139977607|140057499	139977607-139977713，139985129-139985208， 140048242-140048309，140057287-140057499	*Tasp1*	166.48
chr1: 79713858|79740129	79713858-79713963，79714874-79715000， 79724645-79724757，79726566-79726716， 79729656-79729710，79733800-79733873， 79740062-79740129	*Wdfy1*	141.87
chr17: 28069183|28078058	28069183-28069364，28069458-28069672， 28070423-28070559，28071611-28071831， 28074652-28074772，28077986-28078058	*Tcp11*	123.90

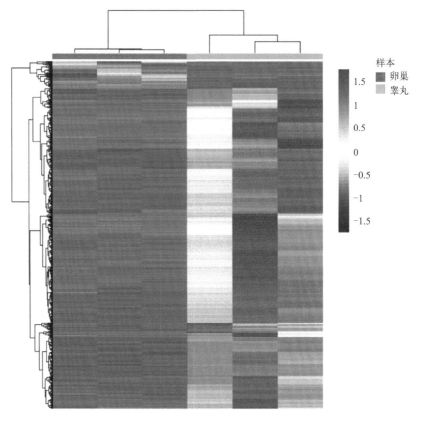

图4.14　小鼠睾丸和卵巢组织中差异表达的环形转录本聚类分析

为了研究生殖腺组织中环形 RNA 可变剪接体的生物学功能，对差异表达倍数排名前 500 名的环形转录本的宿主基因进行了 GO 和 KEGG 富集分析。选择 P 值 < 0.05 的 GO 和 KEGG 通路，并按富集分数 [$-\lg$ (P 值)] 从大到小进行排序。如图 4.15 所示，对于睾丸中低表达、卵巢中高表达的环形转录本的宿主基因，GO 功能富集结果显示，生物过程（BP）的改变主要体现在细胞分化正调控（positive regulation of cell differentiation，GO：0045597）、软骨细胞发育（chondrocyte development，GO：0002063）和子宫发育（uterus development，GO：0060065）；在细胞组分（CC）上的变化主要表现在细胞质（cytoplasm，GO：0005737）、质膜（plasma membrane，GO：0005886）和蛋白质复合物（protein complex，GO：0043234）；分子功能（MF）

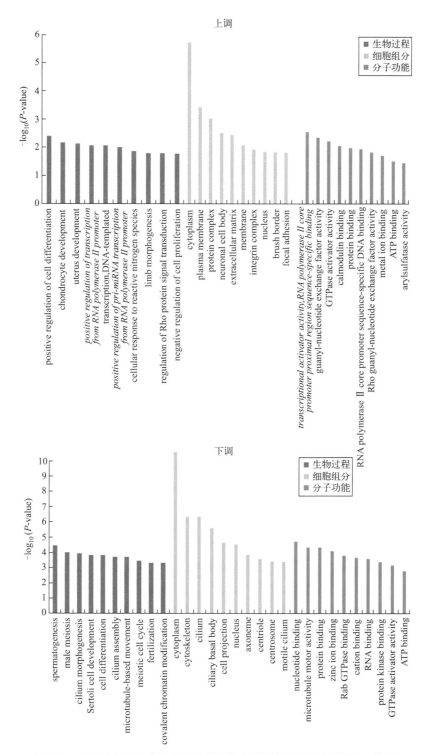

图4.15　小鼠睾丸和卵巢组织中差异表达环形转录本宿主基因的GO分析

变化主要集中在转录激活剂活性、RNA 聚合酶 Ⅱ 核启动子近端区序列特异性结合（transcriptional activator activity, RNA polymerase Ⅱ core promoter proximal region sequence-specific binding, GO：0001077）、鸟嘌呤核苷酸交换因子活性（guanyl-nucleotide exchange factor activity, GO：0005085）和 GTPase 激活剂活性（GTPase activator activity, GO：0005096）。对于睾丸中高表达、卵巢中低表达的环形转录本的宿主基因，最显著富集的生物过程（BP）项是精子发生（spermatogenesis, GO：0007283）、雄性减数分裂（male meiosis, GO：0007140）和纤毛形态发生（cilium morphogenesis, GO：0060271）；最显著富集的细胞组分（CC）项是细胞质（cytoplasm, GO：0005737）、细胞骨架（cytoskeleton, GO：0005856）和纤毛（cilium, GO：0005929）；最显著富集的分子功能（MF）项是核苷酸结合（nucleotide binding, GO：0000166）、微管运动活性（microtubule motor activity, GO：0003777）和蛋白质结合（protein binding, GO：0005515）。大多数 GO 富集项都在雄性和雌性生殖系统的发育中起着重要作用。

KEGG 信号通路分析表明，差异表达环形转录本宿主基因与 cAMP 信号通路（cAMP signaling pathway, mmu04024）、孕酮介导的卵母细胞成熟（progesterone-mediated oocyte maturation, mmu04914）信号通路和 Hippo 信号通路（Hippo signaling pathway, mmu04390）等通路有关（表 4.4）。现有的研究表明，cAMP 是细胞内信号转导的重要分子，cAMP 信号通路参与卵泡的形成、持续发育和能量代谢，并调节性激素的分泌，对哺乳动物卵巢功能有重要的调控作用[146,147]；Hippo 信号通路是一条较为保守且新兴的信号通路，其主要的生物学效应有调控器官大小、参与细胞接触性抑制调节和凋亡及维持内环境稳定等，已有文献证实，Hippo 信号通路对于生殖干细胞的自我更新和分化至关重要，而生殖干细胞存在于卵巢中，它们被认为可用于恢复卵巢功能，甚至逆转卵巢衰老[148,149]。此外，Hippo 信号通路在调控卵泡生长中也发挥着重要作用[150]，且通路中的效应分子 YAP

与卵巢相关疾病发生高度相关[151,152]。因此，这些信号通路都是对生殖系统的发育有重要影响的通路。

表4.4　小鼠睾丸和卵巢组织中差异表达环形转录本宿主基因的KEGG分析

KEGG项	基因数量/个	P值	基因
mmu04024：cAMP 信号通路	6	7.3×10^{-3}	*VAV3*，*ABCC4*，*CAMK2D*，*CACNA1C*，*NFKB1*，*RAPGEF4*
mmu04914：孕酮介导的卵母细胞成熟	5	1.1×10^{-2}	*PDE3B*，*AKT3*，*SPDYA*，*PIK3R3*，*CPEB3*
mmu04390：Hippo 信号通路	5	1.4×10^{-2}	*SMAD1*，*PARD3*，*NF2*，*BMPR1B*，*TEAD1*
mmu04810：肌动蛋白细胞骨架调节	5	4.3×10^{-2}	*VAV3*，*ITGB3*，*PIP4K2A*，*FGFR2*，*ITGA9*
mmu04015：Rap1 信号通路	5	4.4×10^{-2}	*DOCK4*，*ITGB3*，*PARD3*，*FGFR2*，*RAPGEF4*
mmu05016：亨廷顿病	6	4.6×10^{-2}	*DNAH2*，*DNAIC1*，*DNAH8*，*DNAH7A*，*TBPL1*，*DNAH7B*

4.3.4　circRNA-miRNA-mRNA相互作用调控网络

环形 RNA 可以通过与 miRNA 结合竞争来干扰 miRNA 的功能，进而调控 miRNA 介导的下游靶向基因的表达水平。而以往的研究缺乏环形 RNA 转录本的准确序列，导致 circRNA-miRNA 的结合预测可能存在一定的误差。为了更准确地探讨小鼠生殖腺组织中环形 RNA 的生物学功能，笔者基于 CircAST 重构的差异表达环形转录本，对在小鼠睾丸和卵巢组织中差异表达的环形转录本进行了 circRNAs-miRNAs 相互作用预测，同时用 miRTarbase 数据库对这些 miRNA 进行检索，识别下游目标 mRNA。根据 circRNA、miRNA、mRNA 三者之间的相互作用关系，构建了全基因组水平的 ceRNA 网络，其中每个节点代表不同的 RNA 分子，连线代表节点之间的相互作用（图 4.16）。该 ceRNA 网络包括 17 个差异表达的环形 RNA 转录本、92 个 miRNA 和 143 个差异表达的 mRNA。其中，差异表达的环形 RNA 转录本 *circPpm1b*、*circTcp11* 与 miRNA 相互作用数目

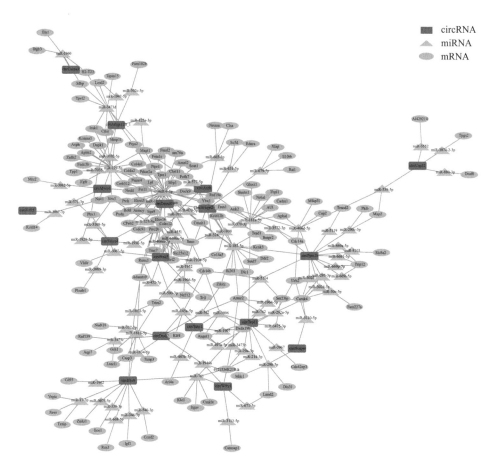

图4.16　小鼠生殖腺组织中circRNA–miRNA–mRNA调控网络示意图

最多（*n*=15 和 *n*=12），提示这两个环形 RNA 可能是小鼠生殖腺中重要的调控因子，而网络中相当一部分的 miRNA 已经被证实在生殖中发挥着重要的作用，如 miR-323、miR-200c 和 miR-9 可调控原始生殖细胞（primordial germ cells，PGC）的增殖和发育[153,154]，miR-214 可调控减数分裂过程[155]，而 miR-125a、miR-295 和 miR-181b 等与胚胎发育密切相关[154]。对下游的目标 mRNA 的通路分析表明，睾丸中高表达的差异表达基因生物过程主要富集在精子发生、对 cAMP 依赖性蛋白激酶活性的负调节等方面，而卵巢中高表达的差异表达基因生物过程主要富集在子宫内胚胎发育、上皮细胞增殖的正调控等方面，KEGG 信号通路分析表明 PI3K-Akt 信号通路、细胞外基质受体相互作用、FoxO 信号通路以及 Hippo 信号通路等显著相关。这些结果表明构建的 circRNA-miRNA-mRNA 相互作用调控网络与小鼠生殖系统的发育密切相关。

4.4　小结

　　睾丸和卵巢是雄性和雌性哺乳动物体内生殖系统的主要器官，它们在发育过程中受到不同的基因调控和组织驱动。与此同时，睾丸内精子的发生和卵巢内卵泡的发育也有一系列复杂而精确的调控过程。作为新型的内源性非编码 RNA，环形 RNA 正日益受到关注，大量的研究结果提示其具有重要的分子生物学功能和系统调控作用，尤其是作为 miRNA 的海绵来吸附并抑制 miRNA，从而发挥调控作用。因此，睾丸生精功能和卵巢卵泡发育过程中基因的严密调节表达和相互作用可能会受到环形 RNA 的调控。识别和初步表征生殖腺组织的环形 RNA 可变剪接体、筛选出特异表达的环形转录本是透彻了解环形 RNA 在哺乳动物生殖系统中的生物学功能及调控机制的先决条件。

　　本章通过实验得到小鼠睾丸和卵巢组织的 RNA-seq 数据，用笔者开发的算法 CircAST 对其中鉴定到的环形 RNA 进行全长转录本的组装和定量，并使用生物信息学工具进行差异表达分析和功能富集分析。从 3 例小鼠睾丸组织样本和 3 例小鼠卵巢组织样本中分别重构出 26887 个和 8226 个环形 RNA 转录本，它们分布在各条染色体上。两组织中分别有 30.7% 和 14.8% 的环形 RNA 转录本内部发生了外显子跳跃事件，且其中有相当一部分的可变剪接事件是环形 RNA 特有的，并不存在于与其同源的线性 mRNA 中。两组织中大多数环形转录本含有 2 ～ 5 个外显子，长度在 350 ～ 500 bp。

从定量结果来看，两个组织中环形 RNA 的总体表达水平都较低，超过一半的环形 RNA 宿主基因中有一个环形转录本表达起主导作用。用统计学方法筛选出两组织中差异表达的环形转录本 2269 个，其中在睾丸组织中低表达、卵巢组织中高表达的环形转录本有 175 个，在睾丸组织中高表达、卵巢组织中低表达的环形转录本有 2094 个。GO 分析表明，卵巢组织中高表达的环形转录本宿主基因主要与细胞分化正调控、软骨细胞发育和子宫发育有关，而睾丸组织中高表达的环形转录本宿主基因主要与精子发生、雄性减数分裂和纤毛形态发生有关，这些富集项都在哺乳动物生殖系统的发育中发挥着关键作用。KEGG 通路分析表明，cAMP 信号通路、孕酮介导的卵母细胞成熟信号通路和 Hippo 信号通路是最显著富集的通路。从已有的研究结果看，这些信号通路对生殖系统的发育都有着重要影响。

根据差异表达的环形 RNA 转录本在两个组织中的表达趋势，构建 ceRNA 调控网络来理解差异表达的环形 RNA 在小鼠生殖腺组织中的调控模式。circRNA-miRNA-mRNA 网络中，circRNA-miRNA 的靶向关系使用基于最小自由能评估的 miRanda 软件筛选，而 miRNA-mRNA 的靶向关系来源于经实验证实的 miRTarbase 数据库，这保证了 circRNA-miRNA-mRNA 网络的可信性。差异表达的环形 RNA 转录本 *circPpm1b*、*circTcp11* 与 miRNA 相互作用数目最多，提示这两个环形 RNA 可能是小鼠生殖腺中重要的调控因子。功能富集分析表明该网络与小鼠生殖系统的发育密切相关。

综上所述，本章系统分析了小鼠睾丸和卵巢这两个最典型的生殖腺组织中环形 RNA 全长转录本的表达谱，筛选出两组织中有显著性差异表达的环形全长转录本，并构建了 circRNA-miRNA-mRNA 调控网络，对增强理解环形 RNA 通过 ceRNA 调控睾丸和卵巢内的基因表达、深入研究环形 RNA 在哺乳动物生殖腺发育中的生物学功能具有重要意义。

第5章

人脑胶质瘤样本中环形RNA全长转录本表达谱分析

5.1 引言

CircAST 作为一种环形 RNA 全长转录本的重构和定量工具，不仅可以用在不同组织中，也可以用于不同疾病状态的样本中。基于环形 RNA 在癌症的发生发展中所扮演的重要角色，本章以人脑胶质瘤为例，来重构和定量正常样本和疾病样本中的环形 RNA，并分析它们的结构特点和表达特征，以探索环形 RNA 与脑胶质瘤发生发展的关系。

脑胶质瘤起源于脑部神经胶质细胞，是中枢神经系统（central nervous system，CNS）中最常见、最恶性的原发性肿瘤[156]。脑胶质瘤约占所有脑和中枢神经系统肿瘤的 30%，几乎占所有原发性恶性脑肿瘤的 80%[157]。世界卫生组织（WHO）将脑胶质瘤根据恶性的不同程度分为四个等级（WHO Ⅰ - Ⅳ），其中Ⅰ级和Ⅱ级为低度胶质瘤、Ⅲ级和Ⅳ级为高度胶质瘤[158]。脑胶质瘤也有多种亚型，其中星形细胞瘤约占胶质瘤病例的 70%[159]，胶质母细胞瘤则是最恶性的类型，中位生存期较短，中位生存期不到 12 个月，5 年总生存率不到 10%[160]。尽管胶质瘤的发病率很高，但其成因仍然不清楚。大多数研究人员认为，胶质瘤的危险因素可能涉及遗传、环境和生活方式等[161-163]。胶质瘤在颅内呈浸润性生长，大多数胶质瘤在侵袭性生长过程中会延伸突起，导致肿瘤与正常脑组织之间缺乏清晰而明显的界限，使得难以通过手术彻底全切[164,165]。

尽管近年来在胶质瘤手术和辅助治疗方面取得了一些进展，但对胶质瘤的有效治疗却很少，而且预后仍然很差，复发率和病死率极高[166]。筛选和鉴定胶质瘤的肿瘤特异性生物标志物和治疗靶点对于胶质瘤的精确诊断、有效治疗和改善预后具有重要意义[167]。因此，迫切需要对胶质瘤病理学的潜在机制有一个全面而详细的了解[168]。

已有的研究表明，与线性 RNA 相比，环形 RNA 在脑组织中更为富集，表达更丰富，且在神经元突触中高度活跃[66,169]，这表明环形 RNA 可能在脑或中枢神经系统疾病中发挥重要作用[170]。尽管如此，环形 RNA 在胶质瘤发生发展中的作用至今仍然不清楚，脑胶质瘤特异性表达环形 RNA 及其生物学功能还有待揭示[171]。

本章对人胶质瘤组织（human glioma tissue，HGT）及其配对的癌旁脑组织（para-cancerous brain tissue，PBT）样本（对照组）进行了环形 RNA 测序数据分析，以探讨环形 RNA 在人脑胶质瘤中的表达谱。不同于以往的分析[172,173]，本章使用了 CircAST 重建了环形 RNA 全长转录本并估计了它们的丰度，完整的序列和准确的量化可以为后续的分析奠定基础。通过比较肿瘤组织和正常脑组织中环形 RNA 转录本的表达，确定差异表达的转录本，进行 GO 功能富集和 KEGG 信号通路分析。同时，本章还预测了所有差异表达的环形转录本的 miRNA 靶向位点，并构建了 circRNA 介导的 ceRNA 相互作用调控网络（详细的流程图见图 5.1）。本研究的目的是构建人脑胶质瘤和正常脑组织中环形

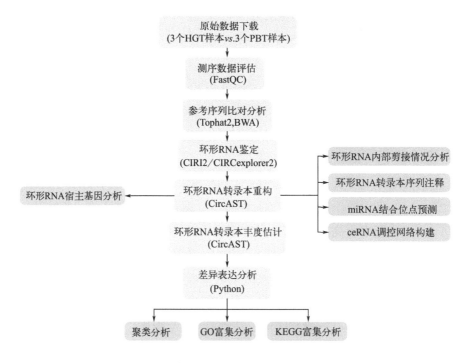

图5.1　人脑胶质瘤中环形RNA全长转录本分析流程图

RNA 的表达谱，分析差异表达的环形 RNA 可能的作用，为后续靶定研究与胶质瘤的发生发展有关的环形 RNA 及阐明胶质瘤的分子生物学机制奠定基础。

5.2　材料和方法

5.2.1　样本数据集

本章研究所使用的数据来自美国国家生物技术信息中心（NCBI）的 SRA 数据库，共下载了 6 个公开的人类 RNA 测序数据样本，包括 3 个人脑胶质瘤组织（HGT）样本（SRA：SRR8713161、SRR8713167 和 SRR8713199）和 3 个与其配对的癌旁脑组织（PBT）样本（SRA：SRR8713160、SRR8713166 和 SRR8713200）[174]，所有样本均经过核糖体 RNA（rRNA）去除过滤和核糖核酸外切酶（RNase R）处理。本章还下载了 24 个人类总 RNA 测序数据样本，包括 12 个 HGT 样本和 12 个与其配对的 PBT 样本（SRA：SRR8713139、SRR8713142-43、SRR8713162-65、SRR8713168-69、SRR8713178、SRR8713186-95、SRR8713201-04）[174]，用于筛选差异表达的 mRNA，构建 circRNA 介导的 ceRNA 网络。

5.2.2　环形RNA转录本序列重构和定量分析

为了高灵敏度和高准确度地检测环形 RNA，使用了两种算法（CIRI2[74] 和 CIRCexplorer2[64]）和默认参数分别在上述 6 个样本中识别环形 RNA。对于 CIRI2 和 CIRCexplorer2，均使用 GRCh37/hg19 基因组注释。如果两种方法检测到的候选环形 RNA 至少有 5 个独立读段覆盖，则被选为最终确定的环形 RNA，并输入至 CircAST[96] 进行可变剪接环形 RNA 转录本的重构和丰度估计。每个外显子来源的环形 RNA 转录本的全长信息和丰度估计由 CircAST 结果文件输出，其中转录本表达丰度以每千碱基百万映射读取片段（FPKM）表示。

5.2.3 差异表达环形RNA转录本的鉴定

为增加置信度，选择至少在两个 HGT 和 PBT 样本中分别有表达的环形 RNA 转录本中进行差异表达分析。采用 t 检验进行显著性检验，以差异倍数 FC＞2 和 P 值＜0.05 为阈值筛选两种样本间差异表达的环形 RNA 转录本。本部分计算使用 Python3.7.3 及其库函数 scipy、numpy 和 math 进行。

5.2.4 GO功能富集和KEGG信号通路分析

使用 DAVID（第 6.8 版）在线分析工具 [139] 分析了失调的环形 RNA 转录本所在的宿主基因进行基因本体论（GO）功能富集和京都基因和基因组百科全书（KEGG）数据库信号通路分析，详见 4.2.4。GO 和 KEGG pathway 项按富集分数递减顺序排列，定义为 $-\lg$（P 值）。

5.2.5 miRNA预测和ceRNA网络构建

最近的研究表明，环形 RNA 可作为 miRNA 海绵影响 miRNA 介导的 mRNA 表达调控，表明环形 RNA 可能在疾病的发生发展中发挥重要作用 [25,36]。从 miRBase 数据库 [140] 下载完整的人类成熟 miRNA 参考序列，利用 miRanda [141,175] 进行 circRNA-miRNA 相互作用预测，然后用 miRTarbase 数据库 [144] 预测下游的目标 mRNA，并与差异表达的 mRNA 取交集，最后用 Cytoscape 软件（第 3.8.0 版）[145] 构建 circRNA 介导的 ceRNA 调控网络（详见 4.2.5）。

5.3 结果

5.3.1 人脑胶质瘤样本中环形转录本的概貌

分析 3 个人脑胶质瘤组织（HGT）样本和 3 个与其配对的癌旁脑组织（PBT）样本，为准确筛选可靠的环形 RNA，采用两种不同的检测工具：CIRI2 和 CIRCexplorer2。这两种工具都能通过从 RNA-seq 数据中检测跨越环形 RNA 反向剪接位点的读段快速地进行环形 RNA 鉴定，且具有较高的真阳性率。选择两种工具都检测到至少有 5 个覆盖反向剪接位点的读段支持的环形 RNA，并用 CircAST 进行了进一步的组装和定量。来自这 6 个样本的 16022 个环形 RNA 中共重构出 20474 个转录本异构体。在成功重构的反向剪接环形 RNA 中，约 82% 仅产生一种异构体，另外 18% 产生至少两种异构体（图 5.2）。这些重构的环形 RNA 转录本分布在所有人类染色体上（包括 22 条常染色体和 2 条性染色体），它们在 1 号染色体和 2 号染色体上最为丰富，在 Y 染色体上最少（图 5.3）。从图 5.3 还可以看出染色体上环形 RNA 异构体的数量与该染色体中含有外显子的数量正相关，也就是说，如果某染色体中含有外显子比较多，相应地这条染色体上产生的环形 RNA 异构体也相应较多。这是因为环形 RNA 转录本是通过一系列的正向和反向可变剪接事件产生的，因此更多的外显子可以丰富环形 RNA 异构体的多样性。

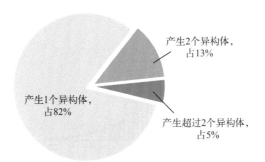

图5.2　人脑组织中环形RNA异构体情况

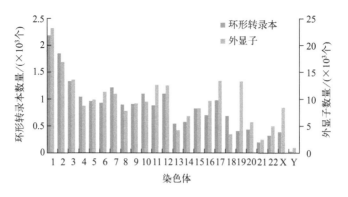

图5.3　各染色体上环形RNA异构体和外显子数量图

接下来计算这些环形转录本的长度，发现大多数转录本约为300～600 bp，有12.6%的转录本长于1000 bp［图5.4（a）］。在组装成功的20474个环形转录本中只有630个只包含1个外显子，大多数由多个外显子组成，其中约78%的环形转录本包含2～6个外显子，有3.1%的环形转录本包含10个以上的外显子［图5.4（b）］。此外还发现，如果一个环形转录本是单外显子成环的，那么这个外显子的长度明显大于多外显子组成的环形转录本里发生环化的外显子长度［图5.5（a），Wilcoxon秩和检验，$p < 0.01$］，说明外显子环化是需要一定长度的。检查所有的环形RNA，发现与之前的研究一致[19]，在基因中起始环化的外显子很少是线性转录本的第一个外显子，比例最高的是第二个外显子［图5.5（b）］，与此同时，线性转录本的最后一个外显子很少用于终止环化。

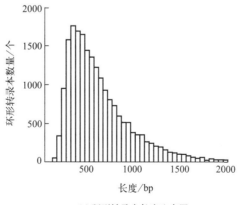

(a) 环形转录本长度分布图

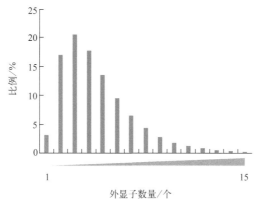

(b) 环形转录本外显子数量分布图

图5.4 环形转录本长度分布图和外显子数量分布图

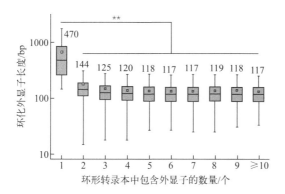

(a) 不同数量外显子组成的环形转录本环化外显子长度

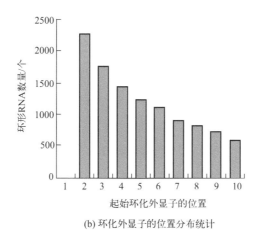

(b) 环化外显子的位置分布统计

图5.5 环化外显子的长度和位置分布图

**—Wilcoxon秩和检验，$p < 0.01$

研究人脑组织中环形 RNA 内部的选择性剪接事件，如图 5.6 所示，29.2% 的环形 RNA 异构体经历了外显子跳跃，这表明环形 RNA 内的选择性剪接事件在人脑组织中普遍存在。进一步的分析显示，这些选择性剪接事件有相当数量（约占 65.6%）是环形 RNA 特有的，在它们对应的同源线性转录本中不存在，这表明人脑中的环形 RNA 与其线性同源 mRNA 具有不同的剪接机制，同时也证明了通过研究环形 RNA 内的剪接事件来重建环形 RNA 全长的必要性。

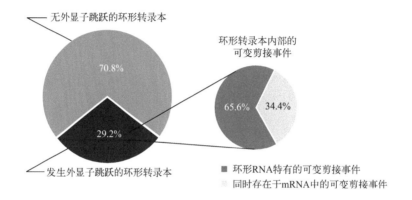

图5.6　环形RNA内部可变剪接事件分析

继续研究环形 RNA 的宿主基因，共有 4665 个基因可以同时产生 mRNA 和环形 RNA，并且发现这些基因中的环形转录本比线性转录本更为普遍［图 5.7（a）］。此外还发现，在人脑组织中，35.91% 的环形 RNA 宿主基因只产生一个环形转录本，值得注意的是，有 9.15% 的基因产生了 10 个以上的环形转录本［图 5.7（b）］。产生环形转录本数量最多和次多的基因分别是 8 号染色体上的 *PTK2* 和 18 号染色体上的 *ATP9B*，分别产生了 127 个和 108 个环形转录本。

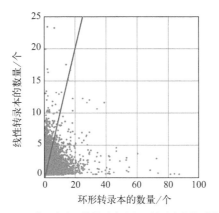

(a) 基因产生线性转录本和环形转录本数量对比图

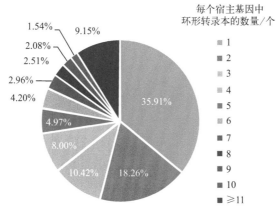

每个宿主基因中
环形转录本的数量/个
■ 1
■ 2
■ 3
■ 4
■ 5
■ 6
■ 7
■ 8
■ 9
■ 10
■ ≥11

(b) 产生不同数量环形转录本的基因比例图

图5.7 环形RNA宿主基因产生转录本情况
红色线下方的点表示产生环形转录本数量多于线性转录本的基因，红色线上方的点
表示产生环形转录本数量少于线性转录本的基因

5.3.2 对照样本和疾病样本中环形转录本的特征

环形 RNA 转录本在不同人脑样本中的表达有很大差异，大多数环形 RNA 转录本仅在 1 个样本中检测到，而少量转录本同时在 6 个样本中都鉴定出［图 5.8 (a)］。为了更准确地定量以便筛选人脑组织中发挥关键作用的环形转录本，筛选至

少在两个人脑胶质瘤组织（HGT）样本或癌旁脑组织（PBT）样本中出现且有多于 5 个读段覆盖反向剪接位点的环形 RNA，用 CircAST 重构出 9025 个环形转录本［图 5.8（b）］。其中 2766 个是 HGT 样本特有的，1268 个是 PBT 样本特有的，5261 个是两种样本共有的［图 5.8（c）］。这些环形转录本来源于 HGT 样本中的 3077 个基因和 PBT 样本中的 2698 个基因，显然胶质瘤组织样本中有更多的基因参与了环形 RNA 的生成［图 5.8（d）］。

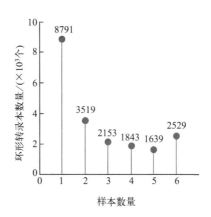

(a) 环形转录本数量与其出现的样本数量

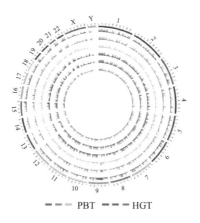

(b) 环形转录本在各染色体上的分布

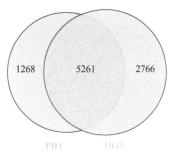

(c) HGT和PBT样本中环形转录本数量

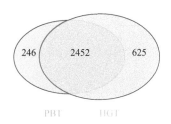

(d) HGT和PBT样本中环形RNA宿主基因数量

图5.8　正常样本和疾病样本中环形转录本的概貌

HGT—human glioma tissue，人脑胶质瘤组织；PBT—para-cancerous brain tissue，癌旁脑组织

　　检查对照样本中表达水平排名在前 100 的环形转录本，发现其中 74 个环形转录本的宿主基因产生了多个环形 RNA 异构体。之前已有研究表明，尽管大多数蛋白质编码基因会因可变剪接产生多个线性 mRNA 转录本，但通常会有一个线性转录本表达量明显高于其他转录本，占主导地位[176]。为考察人类脑组织中的环形转录本是否也存在同样情形，选择产生多个环形 RNA 转录本的基因（这类基因在疾病样本的环形 RNA 宿主基因中占 53%，在对照样本的环形 RNA 的宿主基因中占 51%），并绘制了表达量最高和次高的环形转录本（主环形转录本和次环形转录本）的表达水平的散点图，如图 5.9 所示。为量化主环形转录本的主导作用，进一步计算主、次转录本在两种组织中的表达量之比（图 5.10），发现大约一半的环形 RNA 宿主基因其主环形转录本的表达量是次环形转录本表达量的 2 倍以上，这表明对于许多基因来说，主环形转录本确实在表达中起着主导作用。

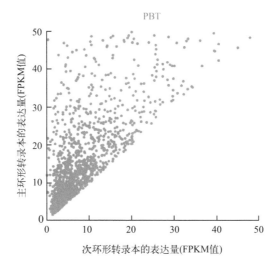

PBT

主环形转录本的表达量(FPKM值)

次环形转录本的表达量(FPKM值)

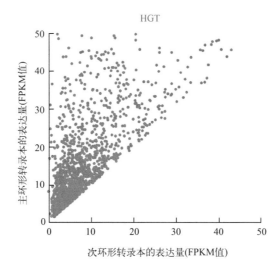

HGT

主环形转录本的表达量(FPKM值)

次环形转录本的表达量(FPKM值)

图5.9 两类样本各基因上表达量最高和次高的
环形转录本表达水平

　　接下来重点关注高表达的环形转录本。筛选出对照样本
中各基因中最高表达量的环形转录本，计算这些转录本序列
的长度，发现它们明显短于其他环形转录本［图 5.11（a），
Wilcoxon 秩和检验，$p < 0.01$），表明较短的环形转录本可能
更容易高表达。进一步对比了它们在疾病样本中的表达水平，
除了少数宿主基因在疾病样本中不表达环形 RNA 外，72.7% 的

转录本仍然是疾病样本中的主环形转录本，9.6%转变为次环形转录本，表明这些高表达的环形转录本可能在大脑中发挥着重要作用［图5.11（b）］。

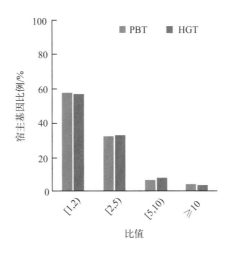

图5.10　两类样本主、次转录本表达量之比的分布

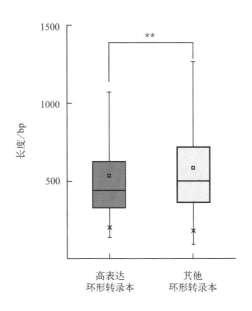

(a) 对照样本中高表达环形转录本
和其他转录本的长度分布

图5.11

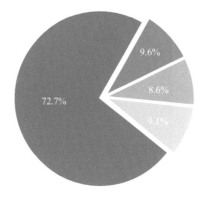

■ 在HGT中是主环形转录本

■ 在HGT中是次环形转录本

■ 在HGT中是低表达环形转录本

　 宿主基因在HGT中不产生环形RNA

(b) 对照样本中高表达环形转录
本在疾病样本中的表达情况

图5.11　高表达环形转录本的相关特点

**—Wilcoxon秩和检验，$p < 0.01$

5.3.3　环形转录本差异表达分析

对疾病样本和对照样本中的环形转录本进行差异表达分析。首先将各环形转录本的表达量进行标准化，图 5.12（a）为环形转录本在两类样本中的散点图。设置筛选条件为差异倍数 FC > 2 和 P 值 < 0.05，共筛选出 758 个差异表达的环形转录本。与对照组癌旁脑组织（PBT）相比，脑胶质瘤组织（HGT）中上调的环形转录本有 646 个、下调的环形转录本有 112 个［图 5.12（b）］。表 5.1 和表 5.2 列出了按差异倍数排列前 10 名的统计学上显著上调和下调的环形转录本的详细信息。

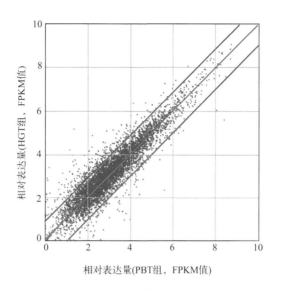

(a) 环形转录本在两组样本中的表达量散点

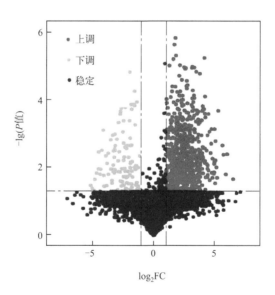

(b) 人脑胶质瘤中环形转录本表达分布火山图

图5.12 环形转录本在胶质瘤和癌旁组织中的表达分析
（a）图中环形转录本在两组样本中的表达量散点图，两条红色线的外侧为
差异倍数大于2的环形转录本

表5.1 人脑胶质瘤中10个显著上调的环形RNA转录本

环形RNA	外显子组成	基因	FC
chr18：44470543|44471017	44470543-44471017	PIAS2	92.70
chr9：86293356|86297981	86293356-86293514, 86294690-86294952, 86297866-86297981	UBQLN1	65.79
chr11：46098305|46113774	46098305-46098370, 46100685-46100717, 46105717-46105853, 46113734-46113774	PHF21A	61.26
chr3：66293627|66313803	66293627-66293736, 66312475-66312579, 66313756-66313803	SLC25A26	53.65
chr5：80404815|80409739	80404815-80404897, 80408429-80408677, 80409357-80409739	RASGRF2	50.57
chr7：27934839|28031600	27934839-27935035, 28031528-28031600	JAZF1	39.68
chr2：10928823|10930959	10928823-10928895, 10929023-10929107, 10929875-10930015, 10930845-10930959	PDIA6	37.61
chr12：116534474|116675510	116534474-116534557, 116549233-116549317, 116675273-116675510	MED13L	36.12
chr22：46096162|46125470	46096162-46096258, 46098569-46098727, 46114293-46114373, 46125305-46125470	ATXN10	34.60
chr11：77330651|77340944	77330651-77330740, 77336008-77336115, 77336762-77336863, 77340808-77340944	CLNS1A	34.29

表5.2　人脑胶质瘤中10个显著下调的环形RNA转录本

环形RNA	外显子组成	基因	FC
chr1：151395873|151414681	151395873-151396027,151396425-151396762,151397431-151397537,151400299-151400517,151400599-151400889,151402079-151402187,151403142-151403317,151414557-151414681	*POGZ*	35.48
chr4：146823318|146824367	146823318-146824367	*ZNF827*	32.43
chr1：151395873|151403317	151395873-151396027,151396425-151396762,151397431-151397537,151400299-151400517,151400599-151400889,151402079-151402187,151403142-151403317	*POGZ*	29.59
chr16：31733947|31734674	31733947-31734073,31734579-31734674	*ZNF720*	28.09
chr12：109046048|109055934	109046048-109046193,109048082-109048186,109051080-109051199,109052514-109052695,109055805-109055934	*CORO1C*	25.45
chr22：18027838|18029254	18027838-18029254	*CECR2*	22.76
chr20：34312492|34313077	34312492-34312644,34312960-34313077	*RBM39*	22.68
chr20：32659872|32666359	32659872-32660136,32661369-32661441,32663680-32663846,32664508-32664621,32664834-32665051,32666311-32666359	*RALY*	20.86
chr19：5039847|5047680	5039847-5040022,5041148-5041262,5047487-5047680	*KDM4B*	20.39
chr16：11940358|11941663	11940358-11940459,11940552-11940700,11941525-11941663	*RSL1D1*	18.89

差异表达的环形转录本来自 627 个不同的基因，它们分布在除了 Y 染色体的所有染色体上。绘制这些转录本在每个染色体上的分布图。如图 5.13 所示，1 号染色体含有的差异表达的环形转录本最多，占 10.9%，其次是 2 号染色体，占 9.6%，第三是 7 号染色体，占 7.4%。用热图展示这 6 个人脑组织样本基于环形 RNA 转录本差异表达的聚类情况，结果表明对照组和疾病组可以被准确地聚成两类，说明两组间环形 RNA 的表达模式是不一样的，胶质瘤组织中环形 RNA 的表达与其配对的癌旁脑组织中环形 RNA 的表达有显著差异（图 5.14）。

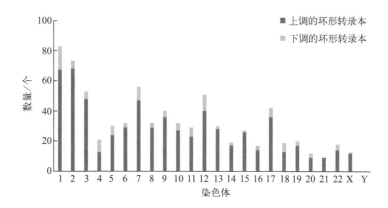

图5.13　人脑胶质瘤中差异环形转录本在各染色体上的分布

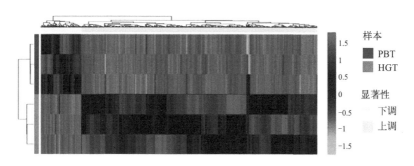

图5.14　脑胶质瘤和癌旁样本差异表达的环形转录本聚类分析

之前的研究表明，大多数环形 RNA 来源于其宿主基因的外显子或内含子，同时环形 RNA 也有可能影响其宿主基因的表达水平[12,25,26]。因此，对产生差异表达的环形转录本的宿主基因进行 GO 和 KEGG 富集分析，可以研究该环形 RNA 的生物学功能。选择 P 值＜ 0.05 的 GO 和 KEGG 通路，并按富集分数 $-\lg$（P 值）排序。如图 5.15（a）所示，对于上调的环形转录本的宿主基因，GO 功能富集结果显示，脑胶质瘤对生物过程（BP）的改变主要体现在 GTPase 活性的正调控（positive regulation of GTPase

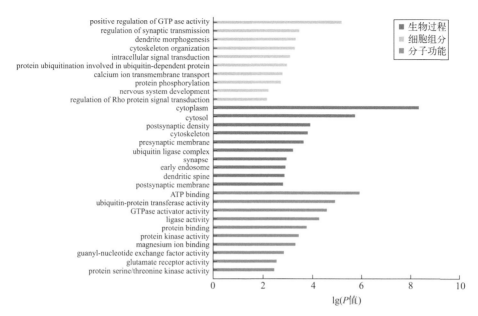

(a) 上调环形转录本宿主基因的GO分析

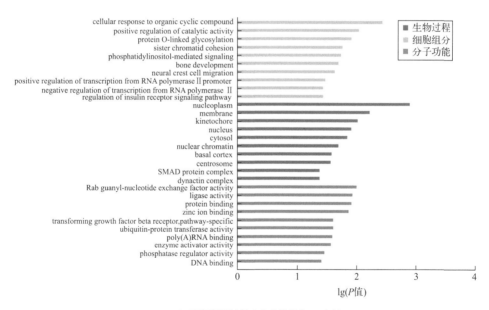

(b) 下调环形转录本宿主基因的GO分析

图5.15 人脑胶质瘤中差异表达环形转录本宿主基因的GO分析

activity，GO：0043547）、突触传递的调控（regulation of synaptic transmission，GO：0051966）和树突形态发生（dendrite morphogenesis，GO：0048813）；在细胞组分（CC）上的变化主要表现在细胞质（cytoplasm，GO：0005737）、胞液（cytosol，GO：0005829）和突触后密度（postsynaptic density，GO：0014069）上；分子功能（MF）变化主要集中在 ATP 结合（ATP binding，GO：0005524）、泛素蛋白转移酶活性（ubiquitin-protein transferase activity，GO：0004842）和 GTPase 激活剂活性（GTPase activator activity，GO：0005096）。而对于下调的环形转录本的宿主基因，GO 功能富集结果显示，最显著富集的生物过程（BP）项是细胞对有机环状化合物的反应（cellular response to organic cyclic compound，GO：0071407）、催化活性的正调控（positive regulation of catalytic activity，GO：0043085）和蛋白质 O- 连接糖基化（protein O-linked glycosylation，GO：0006493）；最显著富集的细胞组分（CC）项是核质（nucleoplasm，GO：0005654）、膜（membrane，GO：0016020）和动粒（kinetochore，GO：0000776）；最显著富集的分子功能（MF）项包括 Rab 鸟苷酸交换因子活性（Rab guanyl-nucleotide exchange factor activity，GO：0017112）、连接酶活性（ligase activity，GO：0016874）和蛋白质结合（protein binding，GO：0005515）［图 5.15（b）］。大多数 GO 富集项都在胶质瘤的发生和发展中起着至关重要的作用。

KEGG 信号通路分析结果显示，差异表达环形转录本宿主基因与谷氨酸能突触（glutamatergic synapse，hsa04724）、神经营养因子信号通路（neurotrophin signaling pathway，hsa04722）和 ErbB 信号通路（ErbB signaling pathway，hsa04012）等 16 条通路有关（图 5.16）。谷氨酸信号系统会影响哺乳动物大脑神经元的活动，谷氨酸功能障碍是神经发育疾病和损伤的关键因素。在神经营养因子信号通路中，神经营养因子与 Trk 家族成员结合，可诱导一系列神经元功能，包括细胞存活或分化、轴突生长、树突分支和突触形成。ErbB 受体信号通过 Akt、MAPK 以及其他多种通路来调节细胞活动，如增殖、分化、凋亡、迁移和细胞移动等，ErbB 信号的失调可导致包括胶质瘤在内的多种癌症的发生，其家族成员以及其部分配体通常在肿瘤中过表达、扩增或突变，这使其成为临床上重要的治疗靶标。因此，这些信号通路都是对胶质瘤的发生和发展有重要影响的通路。

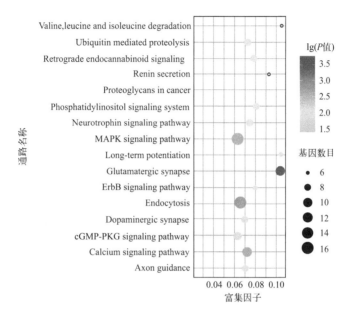

图5.16　人脑胶质瘤中差异表达环形转录本宿主基因的KEGG分析

5.3.4　circRNA介导的ceRNA网络

先前对环形 RNA 功能的研究表明，一些环形 RNA 可作为 miRNA 海绵，调节哺乳动物细胞中的基因表达 [168,171]。为探讨人脑胶质瘤中环形 RNA 的生物学功能，笔者从 miRBase 数据库下载了完整的人类成熟 miRNA 参考序列文件，并使用 miRanda 预测差异表达环形转录本的靶 miRNA。结果显示，这些环形转录本大多能与多个 miRNA 结合，不同的环形转录本也可能具有相同的 miRNA 靶点。用 miRTarbase 数据库对这些 miRNA 进

行检索，识别下游目标 mRNA。筛选出其中差异显著的 mRNA
后，利用 Cytoscape 构建 circRNA 介导的 ceRNA 网络，展示
circRNA、miRNA、mRNA 三者之间的靶向关系，图中红色矩
形节点代表环形 RNA 全长转录本异构体，绿色三角形节点代表
miRNA，蓝色椭圆形节点代表 mRNA，连线代表环形 RNA 转
录本和 miRNA 之间的作用（图 5.17）。网络中包含了 18 个差异
表达的环形 RNA 转录本、107 个 miRNA 和 145 个差异表达的
mRNA。尽管该网络中环形 RNA 转录本的注释尚未完全揭示，

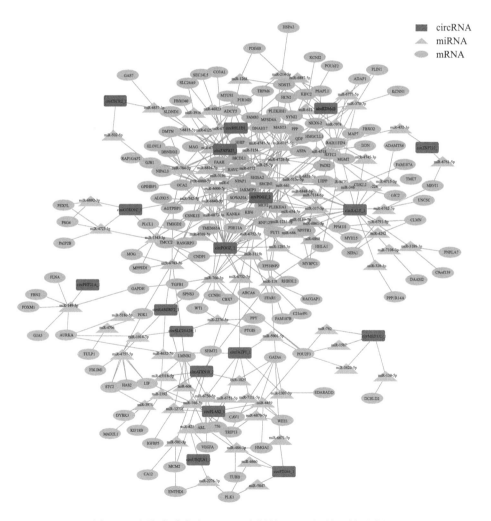

图5.17　人脑胶质瘤中circRNA介导的ceRNA调控网络示意图

但发现相当一部分与之相关的 miRNA 与胶质瘤有关。如 miR-214 可通过调节半胱氨酸蛋白酶抑制的细胞凋亡来抑制细胞的增殖和迁移，可能作为重要的抑癌因子参与脑胶质瘤的发生发展过程 [177]，而 miR-25 靶向 CDKN1C 促进胶质瘤细胞的增殖和侵袭 [178]，miR-328 能通过 SFRP1 依赖 Wnt 信号激活途径促进星型胶质瘤细胞向外周组织的浸润 [179]。这些结果均暗示环形 RNA 可作为 miRNA 海绵参与胶质瘤的进展。对网络中的差异表达基因进行功能富集分析，发现其生物过程主要富集在 G2/M 有丝分裂细胞周期转换、细胞对缺氧的反应和血管生成等方面，这些过程与胶质瘤生长和维持其恶性表型相关。通过信号通路富集分析发现，细胞周期、胰岛素信号通路、癌症中的蛋白多糖等信号通路发生改变都与癌症的发生密切相关。

5.4　小结

　　胶质瘤是中枢神经系统最为常见的肿瘤，呈浸润性生长，致使其具有易迁移、易复发和难以治愈的特点。近年来，尽管手术、放疗、化疗等治疗技术和方法已经逐渐取得突破，但因为胶质瘤的高侵袭性以及对放化疗均不敏感，使得它仍然是最致命的癌症之一，患者的生存期很少超过 2 年，进一步研究胶质瘤的发病机制依然非常必要。环形 RNA 是近年来新发现的一类内源性非编码 RNA，已成为 RNA 研究和人类疾病研究的热点。已有研究表明，环形 RNA 参与了包括胶质瘤在内的多种恶性肿瘤的增殖、侵袭、迁移和凋亡等过程，提示环形 RNA 可作为肿瘤的生物标志物或治疗靶点。一些环形 RNA，如 *circSMARCA5* 和 *circSHPRH*，被发现以胶质瘤特异性的方式表达，提示这些环形 RNA 可作为胶质瘤的候选生物标志物 [60,180]；还有一些环形 RNA，如 *circNFIX* 和 *circNT5E*，已被报道在胶质瘤中作为肿瘤启动子发挥作用 [181,182]；而另一些环形 RNA，如 *circFBXW7* 和 *circITCH*，已被发现作为肿瘤抑制因子发挥作用 [59,183]。研究环形 RNA 的生物学功能首先要知道其全长序列的组成，然而，由于缺乏相关的生物信息学工具，以前的研究大多只能用反向剪接位点来表示不同的环形 RNA 异构体的集合，并使用对应线性 mRNA 的序列代替环形 RNA 序列[58,172]。同时，环形 RNA 的表达量只能基于反向剪接位点水平，而不能在转录本水平上估计。这些不正确或不完整的序列及其不精确的定量可能导致下游分析的错误，从而阻碍人们对环形 RNA 特定功能的理解。

本研究使用 CircAST 算法组装和定量了胶质瘤和配对癌旁脑组织中环形 RNA 转录本异构体，并使用生物信息学工具进行差异表达分析和功能分析，以进一步了解环形 RNA 在胶质瘤中的表达谱和功能。在 3 例胶质瘤患者的肿瘤和 3 例配对癌旁脑组织中重构出 20474 个环形 RNA 转录本，经转录本水平的定量后，发现很多环形 RNA 的表达在胶质瘤和正常脑组织之间存在显著差异。筛选出 758 个差异表达的环形 RNA 转录本，其中上调的 646 个、下调的 112 个。与上述结果一致的是，许多研究也表明环形 RNA 在大脑中特别丰富[28,169,184]，另一方面，研究人员在多种癌症中都观察到了环形 RNA 的失调，如胃癌[185]、白血病[186]、肺癌[187]、乳腺癌[188]、膀胱癌[189]和肝细胞癌[190]。尽管环形 RNA 在肿瘤中的确切作用和功能机制尚不清楚，但越来越多的证据表明，环形 RNA 的异常表达在多种恶性肿瘤中普遍存在，这些失调的环形 RNA 可能在肿瘤的发生和发展中起着关键作用。

GO 分析表明，上调的环形 RNA 转录本的宿主基因与 GTPase 活性的正调控显著相关，这与以往的研究是一致的[191,192]。同时，下调的环形 RNA 转录本的宿主基因与蛋白质结合显著相关。一些研究表明，环形 RNA 可以通过与 RNA 结合蛋白（RBP）相互作用参与真核细胞的基本生物学过程[193]，这在肿瘤的发生发展中起着非常重要的作用[194]。KEGG 通路分析表明，谷氨酸能突触是最显著富集的通路。最新的一项研究发现大脑中的神经元会与胶质瘤细胞形成谷氨酸能突触，通过影响钙离子信号，促进胶质瘤的侵袭和生长[195]。该发现揭示了神经元与胶质瘤细胞之间生物学相关的直接突触通信，具有潜在的临床应用价值。本研究还构建了人脑胶质瘤中 circRNA 介导的 ceRNA 调控网络，富集分析表明其与胶质瘤的发生发展高度相关。

总之，本章系统分析了人脑胶质瘤中环形 RNA 全长转录本的情况，分析结果提示环形 RNA 的异常表达可能与胶质瘤的发生发展密切相关，表明在人脑胶质瘤中环形 RNA 可以作为新型生物标志物或治疗靶点的可能。这有助于进一步研究环形 RNA 在人脑胶质瘤中的作用，为临床治疗提供有价值的科学依据。

附　录

附录1　缩略语

缩略语	英文全称	中文名称
A3SS	alternative 3'-splicing site	可变3'-剪接位点
A5SS	alternative 5'-splicing site	可变5'-剪接位点
BMJ	balanced mapped junction	平衡比对位点
BP	biological process	生物过程
BSJ	back-spliced junction	反向剪接位点
CC	cellular component	细胞成分
ceRNA	competitive endogenous RNA	竞争性内源RNA
ciRNA	circular intronic RNA	内含子环形RNA
CNS	central nervous system	中枢神经系统
DAG	directed acyclic graph	有向无环图
ecircRNA	exonic circRNA	外显子环形RNA
EIciRNA	exon-intron circRNA	外显子-内含子环形RNA
EM	expectation maximization	期望最大化
EMPC	extended minimum path cover	扩展的最小路径覆盖
ES	exon skipping	外显子跳跃
FC	fold change	差异倍数
FPB	fragments per billion mapped bases	每十亿映射碱基中的片段
FPKM	fragments per kilobase of transcript per million read pairs	每百万映射读段中每千个碱基的转录物的片段

缩略语	英文全称	中文名称
FPM	fragments per million mapped fragments	每百万映射读段中的片段
GO	gene ontology	基因本体论
GSA	Genome Sequence Archive	组学原始数据归档库
HDV	hepatitis D virus	丁型肝炎病毒
HGT	human glioma tissue	人胶质瘤组织
lncRNA	long noncoding RNA	长链非编码RNA
IR	intron retention	内含子保留
IRES	internal ribosome entry site	内部核糖体进入位点
m^6A	N^6-methyladenosine	N^6-甲基腺嘌呤
MF	molecular function	分子功能
miRNA	microRNA	微RNA
MPC	minimum path cover	最小路径覆盖
NP	non-deterministic polynomial	非确定性多项式
ORF	open reading frame	开放阅读框
PBT	para-cancerous brain tissue	癌旁脑组织
PGC	primordial germ cell	原始生殖细胞
pre-mRNA	precursor messenger RNA	mRNA前体
RBP	RNA-binding protein	RNA结合蛋白
RI	relation index	关联指数
RNase R	Ribonuclease R	核糖核酸酶R（核糖核酸外切酶）
RPM	reads per million mapped reads	每百万映射的读段
SA	splice acceptor	剪接受体
SD	splice donor	剪接供体
SRY	sex-determining region Y	Y染色体性别决定区
UMJ	unbalanced mapped junction	不平衡比对位点

附录2 小鼠睾丸组织环形RNA内部新的可变剪接事件

染色体	供体位点	受体位点	支持读段数	染色体	供体位点	受体位点	支持读段数
chr10	125294844	125301957	1324	chr9	44158891	44163339	60
chr5	134622086	134625366	410	chr12	11274111	11279605	59
chr1	10000137	10003235	243	chr1	10083558	10088051	57
chr15	10587924	10591587	211	chr11	97376541	97377936	57
chr14	54667161	54679241	161	chr11	5620147	5630702	53
chr12	84425280	84428343	150	chr17	56653756	56655097	52
chr3	95785106	95787284	141	chr7	102163822	102176313	52
chr6	39648486	39651605	133	chr14	31054255	31061469	51
chr6	39644380	39648450	132	chr13	44970178	44986035	50
chr11	22059261	22068359	124	chr19	45761208	45765450	47
chr2	18170298	18186218	124	chr8	92346918	92350691	46
chr16	14582616	14589188	123	chr12	84423503	84428343	45
chr16	94385423	94388265	118	chr6	83954761	83958184	43
chr11	79458906	79468717	116	chr18	25340384	25399926	41
chr10	123153127	123168227	105	chr4	70290029	70298820	39
chr13	59528518	59532013	105	chr16	94403368	94409684	38
chr2	68696528	68711021	98	chr7	120278327	120283019	37
chr15	36010337	36010742	97	chr19	32223590	32289541	36
chr3	65725430	65739682	95	chr1	46083813	46097998	35
chr17	13823458	13828929	91	chr1	161845358	161847205	34
chr1	5098133	5117390	90	chr3	146469803	146476194	33
chr12	8699188	8705933	85	chr9	102619760	102623556	33
chr1	84776412	84782827	80	chr17	63941757	63973065	32
chr2	140008819	140048242	80	chr11	104357596	104378685	31
chr7	29204922	29206805	80	chr6	85643283	85656395	31
chr10	108271769	108274138	79	chr2	120783799	120790282	30
chr11	54482586	54489269	77	chr16	94384066	94384784	29
chr14	31044709	31046332	68	chr2	121321792	121327645	29
chr5	138283152	138290709	63	chr2	152302337	152307989	29

染色体	供体位点	受体位点	支持读段数	染色体	供体位点	受体位点	支持读段数
chr12	108158348	108162973	28	chr2	166936026	166939635	17
chr15	10583836	10591587	28	chr2	49530143	49535255	17
chr10	60007826	60013596	27	chr4	137635008	137637760	17
chr11	70917782	70920852	27	chr5	92633421	92636191	17
chr13	92468162	92477828	27	chr11	97241043	97241951	16
chr14	14859359	14860926	26	chr17	30708526	30712273	16
chr5	5452067	5457285	26	chr17	26739668	26757805	16
chr6	92149804	92154335	26	chr18	3309755	3325361	16
chr6	71894372	71895905	26	chr18	34494776	34499686	16
chr10	85903012	85905349	25	chr2	5877001	5882581	16
chr11	82722483	82736314	25	chr7	29204922	29206554	16
chr17	25167816	25168310	25	chr9	23301022	23373833	16
chr13	8820545	8836783	23	chr12	101415369	101446026	15
chr15	39437922	39454360	23	chr17	30706511	30712273	15
chr17	13849662	13852316	23	chr18	34497546	34499686	15
chr3	65739867	65781371	23	chr2	5877001	5882818	15
chr5	28339308	28352472	23	chr9	55807120	55809102	15
chr5	32878677	32893375	23	chr1	176826284	176831057	14
chr14	47500870	47504986	22	chr12	101509326	101541408	14
chr17	63941480	63957125	22	chr12	3632964	3648223	14
chr5	41687850	41703438	22	chr14	33605084	33612296	14
chr5	5640227	5646936	22	chr3	102853498	102864857	14
chr12	101510525	101541408	21	chr3	105917098	105919975	14
chr2	121321792	121331558	21	chr4	150500051	150534847	14
chr2	18071204	18109782	21	chr4	103319528	103325019	14
chr4	109840442	109842288	21	chr5	34716329	34730005	14
chr11	97373130	97377936	20	chr9	107025381	107055450	14
chr17	88671619	88694103	20	chr9	55858525	55859748	14
chr2	68307108	68314364	20	chr10	41501931	41507424	13
chr10	58507641	58513079	19	chr17	30704851	30708291	13
chr1	88228408	88230626	18	chr2	49018325	49099717	13
chr4	32709566	32711941	18	chr2	166930666	166934753	13
chr4	111780842	111799070	18	chr2	6394555	6408929	13
chr5	67315845	67326853	18	chr6	90633755	90636857	13

染色体	供体位点	受体位点	支持读段数	染色体	供体位点	受体位点	支持读段数
chr7	92614552	92623968	13	chr16	43569781	43577030	9
chr1	55323721	55346377	12	chr17	64625451	64651196	9
chr11	74945632	74981852	12	chr17	68457333	68461451	9
chr12	72906279	72909904	12	chr17	71558679	71569017	9
chr2	29901247	29903321	12	chr4	127104421	127106576	9
chr2	29150107	29156988	12	chr5	36523009	36543177	9
chr4	83546969	83554694	12	chr7	128443946	128444613	9
chr4	108650346	108660565	12	chr8	77384796	77409548	9
chr7	109312420	109321461	12	chr1	98446822	98490497	8
chr7	14598451	14607240	12	chr1	55346452	55355648	8
chr1	98490650	98497477	11	chr10	83297300	83304304	8
chr12	86256932	86261616	11	chr11	82739705	82742010	8
chr13	59473817	59475660	11	chr12	85878478	85889159	8
chr14	86866642	86910029	11	chr12	11271871	11279605	8
chr14	57441982	57445565	11	chr12	81895191	81912665	8
chr14	60239546	60242547	11	chr14	56460124	56465627	8
chr15	74625557	74626278	11	chr17	30653409	30656886	8
chr2	30296702	30300800	11	chr3	41682372	41709469	8
chr3	7526417	7539076	11	chr5	23986814	23991736	8
chr5	53883694	53889316	11	chr5	92633421	92641011	8
chr7	29719587	29721267	11	chr6	11987274	11988722	8
chr11	87140601	87145464	10	chr7	92605380	92612743	8
chr14	33624989	33632906	10	chr7	56087440	56090915	8
chr17	50935558	51143359	10	chr8	24872761	24884438	8
chr3	100644621	100652539	10	chr9	115266193	115276704	8
chr5	107790508	107797813	10	chr1	46109340	46119260	7
chr5	32651755	32653157	10	chr1	46081497	46085555	7
chr7	133868199	133870022	10	chr1	88228408	88233317	7
chr9	22659145	22678912	10	chr1	84786196	84814823	7
chr9	59889555	59894761	10	chr1	53627112	53631466	7
chr9	59907476	59909816	10	chr1	38071497	38079290	7
chr1	66762252	66773422	9	chr12	77277455	77331896	7
chr13	59533239	59544387	9	chr12	85879475	85891021	7
chr14	33612393	33622482	9	chr15	93455530	93465105	7

染色体	供体位点	受体位点	支持读段数	染色体	供体位点	受体位点	支持读段数
chr17	30704851	30712273	7	chr6	116284815	116305617	6
chr17	30636076	30644557	7	chr7	120991910	120998901	6
chr19	27830792	27849711	7	chr7	82276285	82285021	6
chr2	37627526	37640851	7	chr7	120283241	120294116	6
chr3	41667182	41675328	7	chr8	24804544	24810001	6
chr4	126082985	126084393	7	chr8	77426431	77450693	6
chr4	141483825	141487566	7	chr9	102603075	102613295	6
chr5	43188943	43191294	7	chr9	109999840	110027679	6
chr5	124299079	124306953	7	chr1	177067333	177080201	5
chr6	120412510	120418559	7	chr1	155959831	155962475	5
chr7	82268352	82273861	7	chr10	50748943	50750453	5
chr1	119722036	119741355	6	chr10	123146938	123168227	5
chr1	87365279	87378972	6	chr10	63016542	63017524	5
chr10	93846454	93850150	6	chr13	97091952	97094062	5
chr11	106800143	106804993	6	chr13	94493741	94528165	5
chr11	120972547	120973821	6	chr13	119386667	119394611	5
chr12	101481073	101507909	6	chr14	27448260	27449946	5
chr12	110545901	110552785	6	chr15	36013173	36025808	5
chr14	56506007	56509279	6	chr15	36025987	36043205	5
chr14	56431649	56434597	6	chr16	37247948	37261884	5
chr16	55860379	55890582	6	chr17	86099295	86109227	5
chr17	30653409	30657969	6	chr17	68559863	68630185	5
chr2	139996157	140042094	6	chr2	118222460	118236914	5
chr2	18308949	18316899	6	chr2	126121081	126124580	5
chr2	166929023	166930582	6	chr2	166932194	166937342	5
chr2	37624590	37626482	6	chr2	25029656	25039603	5
chr2	37624590	37627435	6	chr3	75061655	75078388	5
chr2	147025306	147026515	6	chr3	37083353	37091860	5
chr3	139243185	139306144	6	chr4	143170188	143180877	5
chr3	65684106	65781371	6	chr4	21859307	21861987	5
chr4	152237766	152260846	6	chr5	23985840	23986734	5
chr4	119339873	119353070	6	chr5	53860206	53874887	5
chr5	147526680	147527129	6	chr7	109331607	109338320	5
chr5	34730042	34745163	6	chr8	39067762	39096925	5

染色体	供体位点	受体位点	支持读段数	染色体	供体位点	受体位点	支持读段数
chr8	24863545	24870686	5	chr7	127519832	127521989	4
chr8	111972191	111979299	5	chr8	24637261	24646283	4
chr8	24815166	24818096	5	chr8	75577994	75629714	4
chr1	37801905	37806937	4	chr8	33322368	33329102	4
chr1	160702460	160722133	4	chr8	33334245	33342977	4
chr1	160682182	160710147	4	chr9	6967289	6992524	4
chr10	62763523	62765267	4	chr9	59396611	59405725	4
chr11	79438848	79441891	4	chr9	121044871	121081564	4
chr11	108506657	108518679	4	chr1	98423349	98432233	3
chr12	101575978	101594158	4	chr1	37804739	37810972	3
chr12	101575978	101602675	4	chr1	172187460	172192518	3
chr12	101509326	101520503	4	chr1	165390533	165422856	3
chr12	8709509	8713360	4	chr1	9678505	9683097	3
chr13	63156735	63190479	4	chr1	100383620	100431716	3
chr16	46448968	46458114	4	chr1	36343384	36349402	3
chr16	94419478	94422227	4	chr10	88213712	88219250	3
chr17	26759949	26763326	4	chr11	93921484	93923791	3
chr17	26736983	26742042	4	chr11	79446922	79448125	3
chr18	80844602	80858544	4	chr12	31617180	31626726	3
chr18	35269710	35325284	4	chr12	4344502	4416671	3
chr19	16710427	16720329	4	chr13	59528518	59533172	3
chr19	47801979	47813928	4	chr14	56438908	56459966	3
chr2	121336840	121337449	4	chr14	56460124	56463024	3
chr2	112347073	112349276	4	chr15	38494366	38497264	3
chr2	24858250	24863772	4	chr17	84310055	84336793	3
chr2	28709976	28716417	4	chr17	79861479	79865042	3
chr2	68694021	68711021	4	chr18	3288092	3299162	3
chr3	65684106	65739682	4	chr19	36585533	36597077	3
chr3	56086284	56087397	4	chr2	18123812	18146777	3
chr5	73510956	73520116	4	chr2	28739664	28759942	3
chr5	134287043	134293747	4	chr2	154517962	154523904	3
chr5	92645700	92649936	4	chr3	84864011	84903501	3
chr6	116273872	116287982	4	chr3	40654253	40672571	3
chr6	35211017	35214318	4	chr3	7528129	7539076	3

染色体	供体位点	受体位点	支持读段数	染色体	供体位点	受体位点	支持读段数
chr4	70298948	70302084	3	chr12	101481073	101541408	2
chr4	132667234	132672896	3	chr13	44970178	44992019	2
chr5	36520561	36543177	3	chr13	119389281	119396747	2
chr5	36525048	36571296	3	chr14	86835101	86905937	2
chr5	64278044	64285945	3	chr14	20523856	20524357	2
chr6	38440547	38461475	3	chr16	94384934	94387337	2
chr6	120374987	120382917	3	chr18	80877373	80909592	2
chr7	139454095	139511408	3	chr19	3392261	3395920	2
chr7	122114470	122121054	3	chr2	121348848	121349475	2
chr7	82268352	82276127	3	chr2	12397566	12403998	2
chr8	78531158	78662987	3	chr2	139977713	140042094	2
chr8	111979444	111987122	3	chr2	140008819	140057287	2
chr8	129136649	129145519	3	chr3	146481860	146487512	2
chr9	6994146	7001341	3	chr3	86417996	86532085	2
chr9	102602548	102613295	3	chr3	65725430	65781371	2
chr9	64311979	64314553	3	chr3	68985483	68990742	2
chr1	46081497	46097998	2	chr4	138097359	138105314	2
chr1	172186368	172187353	2	chr6	37903651	37915165	2
chr1	36346029	36349402	2	chr6	87057764	87060521	2
chr10	89789381	89791363	2	chr7	109312420	109325681	2
chr10	41951746	41966701	2	chr7	97636469	97653053	2
chr10	88111774	88124808	2	chr8	39063308	39071376	2
chr11	22053555	22056783	2	chr9	6941704	6967080	2
chr12	51627880	51647994	2	chr9	96566122	96569020	2
chr12	85876592	85879368	2	chr9	24631279	24645062	2

附录3　RT-PCR实验所用引物信息

环形RNA转录本	引物名称	引物类型	引物序列(5'-3')	产物大小/bp
circEhbp1-2-1	cEhbp1-2-1-o-F	outer-F	TTTCTCCTTGCTCGGAGGC	(238)
	cEhbp1-2-1-o-R	outer-R	GAGAGGGCTCGTCAGCTAAT	
	cEhbp1-2-1-i-F	inner-F	TCCACCACCTTACTATTCTG	105
	cEhbp1-2-1-i-R	inner-R	ATGCGGAGTGAAGATGTC	

环形RNA转录本	引物名称	引物类型	引物序列(5′-3′)	产物大小 /bp
circEhbp1-2-2	cEhbp1-2-2-o-F	outer-F	TGTCTTTGAACCCTTTCTGGTCT	(222)
	cEhbp1-2-2-o-R	outer-R	GGTGGCAAACTTACTCCCCA	
	cEhbp1-2-2-i-F	inner-F	TGTCTTTGAACCCTTTCTGGTCT	164
	cEhbp1-2-2-i-R	inner-R	GGAGAAAAGAGTGGCGTGGA	
circEhbp1-2-3	cEhbp1-2-3-o-F	outer-F	TCTTCTGATGGCTTCCTCTGA	(422)
	cEhbp1-2-3-o-R	outer-R	GAAGGCTTTGTTGTAGGAGGTG	
	cEhbp1-2-3-i-F	inner-F	TGGCTTCCTCTGAGTTTCAGTT	368
	cEhbp1-2-3-i-R	inner-R	GTGACCTTGATAATCCCGAGC	
circPphln1-1-1	cPphln1-1-1-F	F	CGAGAGATCGGTCTCCCAT	250
	cPphln1-1-1-R	R	GATCCCGCCTTGGATGAAGC	
circPphln1-1-2	cPphln1-1-2-o-F	outer-F	CATAGAAAGTCCTCGCGTGTC	(270)
	cPphln1-1-2-o-R	outer-R	TCCCGCCTCAAACTCATTCA	
	cPphln1-1-2-i-F	inner-F	ACGACAGAATGAAGCAATTCGTG	163
	cPphln1-1-2-i-R	inner-R	GCTTTCAGCCTCAGCAAGTTC	
circPphln1-1-3	cPphln1-1-3-F	F	TCAGCATAGAAGTAAAGAGAGATCC	220
	cPphln1-1-3-R	R	GGATCCCGCCTCAAACTCAT	
circCsnk1d-1-1	cCsnk1d-1-1-F	F	GAAGCCTTGGCGATGGAACA	299
	cCsnk1d-1-1-R	R	ACACGCACCTTGGCATTGAA	
circCsnk1d-1-2	cCsnk1d-1-2-F	F	GAGAAGCCTTGGCGATGGAA	300
	cCsnk1d-1-2-R	R	TGCTTGCTGACCAAATGAACAAT	
circAW554918-1-1/-2	cAW554918-1-o-F	outer-F	AAAAGGAACGCCTTCAGCATC	(294, 195)
	cAW554918-1-o-R	outer-R	TCTTCTCCCTCTGGTTTTGCC	
	cAW554918-1-i-F	inner-F	CTCCTGGCCCAACAAGAGAC	223, 124
	cAW554918-1-i-R	inner-R	AGGATGTTGAGGTTCCACGC	
circStau2-2-1/-2	cStau2-2-o-F	outer-F	CAACAGCTTGTTGGGCCTTC	(276, 145)
	cStau2-2-o-R	outer-R	GTGGAGCTGTGAGGGATACG	
	cStau2-2-i-F	inner-F	TCGGATTCCCATGTCTGCTC	236, 105
	cStau2-2-i-R	inner-R	GCTGTGAGGGATACGGAAGTT	
circDcaf8-1-1/-2	cDcaf8-1-F	F	TTTGCAGTGGGTGGAAGAGAT	186, 128(failed[①])
	cDcaf8-1-R	R	ATCATTGTAACTGGCCAGGAG	
circTtc3-1-1/ -2	cTtc3-1-F	F	TAGCGATGGAAAGAGGGCCA	272(failed[①]), 109(failed[①])
	cTtc3-1-R	R	TTCTAGGTATGTAAGCCCTGCT	
circCep350-1-2	cCep350-1-2-o-F	outer-F	AGGTTCACGGAACTCCACAC	(323)
	cCep350-1-2-o-R	outer-R	CAGCAAGTCAAAAGAGGTGCC	
	cCep350-1-2-i-F	inner-F	CGGGTAGCACTTGCAGACTT	113
	cCep350-1-2-i-R	inner-R	GCAAGGAGACTATTCAAGCTGAG	

环形RNA转录本	引物名称	引物类型	引物序列(5′-3′)	产物大小/bp
circEya3-1-2	cEya3-1-2-o-F	outer-F	ACCAGAGCAACCGGTGAAAA	(254)
	cEya3-1-2-o-R	outer-R	GTTTGGGTTGCCTGAGGGTA	
	cEya3-1-2-i-F	inner-F	GCCAAGATGCAGGAACCAAG	127
	cEya3-1-2-i-R	inner-R	TGTGCATAAGGTTTTCCTCTGAC	
circCrem-4-2	cCrem-4-2-o-F	outer-F	TGTATTGCCCCGTGCTAGTC	(510)
	cCrem-4-2-o-R	outer-R	ATGAGCAAATGTGGCAGGAA	
	cCrem-4-2-i-F	inner-F	GCTACCTTTTTATCCAGATCCCCT	124
	cCrem-4-2-i-R	inner-R	CTAGCTCAGATTAACTACTGTCTGT	
GAPDH-Con	GAPDH-Con-F	F	AGTGGCAAAGTGGAGATTGTT	488
	GAPDH-Con-R	R	GTCTTCTGGGTGGCAGTGAT	
circMprip-1-1	cMprip-1-1-F	F	TCCACACCGAAGAGCCAAGTCA	329
	cMprip-1-1-R	R	TCCAGTTCCGTCGTATGCCAGAT	
circMprip-1-2	cMprip-1-2-o-F	outer-F	TGCTGATTCTGACCACTCCAT	(849)
	cMprip-1-2-o-R	outer-R	GATGCCAACGCTGCTCAATT	
	cMprip-1-2-i-F	inner-F	ATCCCTAGAAAGCGGCCTGA	285
	cMprip-1-2-i-R	inner-R	GTTCCGTCGTATGCCAGATGT	
circFam13b-1-1	cFam13b-1-1-o-F	outer-F	CAGAGGAGAGGCTGACACCATCTT	(339)
	cFam13b-1-1-o-R	outer-R	ATGAGGACGGCGAGAGTGAAGG	
	cFam13b-1-1-i-F	inner-F	TTCGTGGAAGGAGAACCC	235
	cFam13b-1-1-i-R	inner-R	AGGACGGCGAGAGTGAA	
circFam13b-1-2	cFam13b-1-2-F	F	GGAAGGAGAACCAAGGACAGGAGT	329
	cFam13b-1-2-R	R	ATGAGGACGGCGAGAGTGAAGG	
circAgbl2-2-1	cAgbl2-2-1-o-F	outer-F	GAAGAGTGGTGATGTGGCGGATG	(560)
	cAgbl2-2-1-o-R	outer-R	CTTAGGGCTGGTCAGTGGTGGAT	
	cAgbl2-2-1-i-F	inner-F	TTACCATTGAGGACCTGAAG	419
	cAgbl2-2-1-i-R	inner-R	TCCACTTAACTGTGTTGGG	
circAgbl2-2-2	cAgbl2-2-2-F	F	ACATTGAATCCAGCACGAGTG	322
	cAgbl2-2-2-R	R	AACTGTGTCTCATTGAGCCTTG	
circSbno1-1-1	cSbno1-1-1-F	F	GAGCAGCGGGCATGGCATTT	279
	cSbno1-1-1-R	R	GGTTGGAGACAGAAGCAGCAGTTC	
circSbno1-1-2	cSbno1-1-2-o-F	outer-F	TTATCCATATCCTCGCCACTTCTT	(487)
	cSbno1-1-2-o-R	outer-R	TTACTGCTTGCTGCCTTGAGT	
	cSbno1-1-2-i-F	inner-F	GCGGGTGGCTTCAGTTTCAT	296
	cSbno1-1-2-i-R	inner-R	CCTTCAGTTCAACAGCAGCAG	

环形RNA转录本	引物名称	引物类型	引物序列(5'-3')	产物大小/bp
circBptf-1-1	cBptf-1-1-F	F	TTGCTGGCTTGGACCTGTAG	579
	cBptf-1-1-R	R	CCTTATGGCATTCGTTCTGAGTAT	
circBptf-1-2	cBptf-1-2-o-F	outer-F	TCTGCTGCTCTGCTGCTTGA	(934)
	cBptf-1-2-o-R	outer-R	ATGGATGACAATGGACTGCCTTC	
	cBptf-1-2-i-F	inner-F	GAGGTGTGGGTGTTTCTGTCCGTG	318
	cBptf-1-2-i-R	inner-R	GGAAGTTCGTTACCAAGAGCAGCA	
circHelz-3-1	cHelz-3-1-F	F	CAGCAGGAGACCAGGGTGTAT	540
	cHelz-3-1-R	R	CGTGAGTGGATAGAAGTCCTTGTG	
circHelz-3-2	cHelz-3-2-F	F	TCTAATAGTGCTGCTGACCTCTAC	655
	cHelz-3-2-R	R	CCGTGCTGTTCTTCTCTTGGA	
circMarch6-2-1	cMarch6-2-1-o-F	outer-F	GCATCAGCAGCATCTTCTACAC	(469)
	cMarch6-2-1-o-R	outer-R	CCTTCACGGCTACCAATCCAA	
	cMarch6-2-1-i-F	inner-F	TCCTCCTCATTGTCCTCCTCTT	328
	cMarch6-2-1-i-R	inner-R	GTTGTTCCTCTTACAGCATGGAAA	
circMarch6-2-2	cMarch6-2-2-F	F	TCCTCTTCCTCTTCTGCTTGAC	330
	cMarch6-2-2-R	R	CTCACTACTGACACTGCCACTA	
circZfp638-4-1	cZfp638-4-1-o-F	outer-F	GGCATTAGAAGATGGAGGACAACG	(743)
	cZfp638-4-1-o-R	outer-R	CCGATTCCTTGTTCACTGGTTCC	
	cZfp638-4-1-i-F	inner-F	AAGTGCTTTGGCCCAGCGGAAG	473(failed[①])
	cZfp638-4-1-i-R	inner-R	CTGTGGCCTCCAAAGTACCTGCA	
circZfp638-4-2	cZfp638-4-2-F	F	CCAGCGGAAGCCACAGAAGGAT	488
	cZfp638-4-2-R	R	TCGCAGCTACCGTAACCACAGATT	
circAscc3-6-1	cAscc3-6-1-F	F	GACCTTATTGTCACCACACCAGAA	678
	cAscc3-6-1-R	R	GCTTGTAGCAATGAGAACCTGAAC	
circAscc3-6-2	cAscc3-6-2-o-F	outer-F	GACCTTATTGTCACCACACCAGAA	1042
	cAscc3-6-2-o-R	outer-R	GTGCGATTATCCTCTCCAACTTCA	
	cAscc3-6-2-i-F	inner-F	CAGCAGGTCAACATTCTCATC	599(failed[①])
	cAscc3-6-2-i-R	inner-R	CAGCACATCTGAACTTTACAGT	
circDrc7	cDrc7-o-F	outer-F	GGGACCTGACCAGCAAGTTT	571
	cDrc7-o-R	outer-R	GCTCTCAATGCCCAGGAAGT	
	cDrc7-i-F	inner-F	GCAAGTTTGAGCAGGAGCAA	515
	cDrc7-i-R	inner-R	GTGCAGTCAGAGGGTCGATG	

环形RNA转录本	引物名称	引物类型	引物序列(5'-3')	产物大小/bp
circUggt2	cUggt2-o-F	outer-F	ATGTGACCCATTCTGGGACG	172
	cUggt2-o-R	outer-R	GTGACATACGACGTTCCCCA	
	cUggt2-i-F	inner-F	TTGCAGCAGCTTCTAGTTTGG	141
	cUggt2-i-R	inner-R	ACGACGTTCCCCAAGAGTTTC	
circAgtpbp1	cAgtpbp1-o-F	outer-F	CTCCACTTAAGGAGCAGCGG	964
	cAgtpbp1-o-R	outer-R	ACAGCAATGCCAGAGTCCAA	
	cAgtpbp1-i-F	inner-F	CACTTAAGGAGCAGCGGTGA	831
	cAgtpbp1-i-R	inner-R	ACCTCATGAGCAATAGCCCG	
circAdam3	cAdam3-o-F	outer-F	AATGTTCCCAACTTGTCACGC	129
	cAdam3-o-R	outer-R	ACACCACTTCTGCAGATCACA	
	cAdam3-i-F	inner-F	TCCCAACTTGTCACGCAAAT	93
	cAdam3-i-R	inner-R	AAATCGACACCAACATCCAGG	
circLin54	cLin54-o-F	outer-F	TTGGCGACTTCAAAGGTGAG	810
	cLin54-o-R	outer-R	CCGGCCGAGGTGAATAGTTT	
	cLin54-i-F	inner-F	TGGCGACTTCAAAGGTGAGAT	211
	cLin54-i-R	inner-R	CCCCAGGAAGCCAACTGATT	
circUsp32	cUsp32-o-F	outer-F	AGAGGCGGCATATGACCATT	416
	cUsp32-o-R	outer-R	CAAATGCAAGACATGTGGGC	
	cUsp32-i-F	inner-F	GTCGAGGCAGATCCCCATTG	294
	cUsp32-i-R	inner-R	AGTGTCCGATTCGACCCTTTT	
circMllt10	cMllt10-o-F	outer-F	GATGTGAGCTGTGTCCCCAT	204
	cMllt10-o-R	outer-R	TGCGCCATTCCCTTCTTCTT	
	cMllt10-i-F	inner-F	TGTGAGCTGTGTCCCCATAA	97
	cMllt10-i-R	inner-R	GGCTGCTTTGCTTTCTCGTC	
circScaper	cScaper-o-F	outer-F	TTTCATCTACTGCCCGGCG	401
	cScaper-o-R	outer-R	ATACCACCGTGGATTTTGGGA	
	cScaper-i-F	inner-F	CCCGGCGAAGATTGTCAAAA	388
	cScaper-i-R	inner-R	TACCACCGTGGATTTTGGGAG	
GAPDH-Con	GAPDH-Con-F	F	AGTGGCAAAGTGGAGATTGTT	488
	GAPDH-Con-R	R	GTCTTCTGGGTGGCAGTGAT	

①表示失败。

附录4　人类HeLa细胞系中环形RNA内部新的可变剪接事件

染色体	供体位点	受体位点	支持读段数	染色体	供体位点	受体位点	支持读段数
chr19	34699956	34706501	157	chr1	225161855	225195115	12
chr11	85685855	85692172	41	chr7	23381808	23385559	12
chr7	11101712	11150977	38	chr18	19378189	19383868	12
chr9	134518804	134526197	37	chr12	51447643	51450133	11
chr8	1824900	1830801	37	chr2	36739537	36744470	11
chr14	97321693	97322865	36	chr15	101970268	101972195	11
chr9	133333976	133342112	30	chr12	117383333	117402502	11
chr8	141874498	141900642	29	chr16	75637069	75646141	10
chr9	134319715	134322472	27	chr5	624694	635487	10
chr5	620376	633884	25	chr9	88201875	88204443	10
chr1	225142800	225152181	24	chr7	26232993	26235467	10
chr10	15879317	15883425	21	chr2	215634036	215657021	10
chr13	111857720	111870026	21	chr17	80858607	80863812	10
chrX	150791536	150817087	20	chr11	120918376	120925761	9
chr9	133355836	133370254	20	chr5	179135381	179136874	9
chr7	5024706	5028694	19	chr18	13015447	13018479	9
chr12	5841796	5848483	19	chr9	33953472	33960824	9
chr3	133894883	133901846	17	chr11	85707972	85712078	9
chr10	70097090	70098260	17	chr9	111849622	111855755	9
chr9	111843223	111849453	16	chr9	86293514	86297866	9
chr17	36517658	36522170	16	chr1	234596142	234601402	9
chr20	57243183	57245568	15	chr7	72880731	72884675	8
chr5	78945013	78964715	14	chr1	225155285	225161793	8
chr12	51442968	51450133	14	chr9	22056386	22061952	8
chr1	197614873	197621365	14	chr5	37162668	37165641	8
chr3	33633988	33644444	13	chr4	1936989	1952799	8
chr9	134322593	134330463	12	chr11	85733512	85742511	8
chr18	13030607	13040829	12	chr3	5249948	5252805	8
chr3	141105779	141122769	12	chr10	123658484	123659381	7
chr1	235647831	235657991	12	chr10	69726559	69750661	7

染色体	供体位点	受体位点	支持读段数	染色体	供体位点	受体位点	支持读段数
chr5	40767792	40771821	7	chr1	225373127	225418775	5
chr1	58993007	58999625	7	chr18	76914555	76953183	5
chr19	3546166	3547270	7	chr5	72354351	72364477	5
chr13	114175048	114193672	7	chr11	126278089	126279163	5
chr15	76584854	76587932	7	chr5	637933	640523	5
chr1	225267250	225270251	7	chrX	150773206	150789402	5
chr3	124536557	124540160	7	chr10	12131254	12136072	5
chr15	41657787	41667910	7	chr11	57188537	57191455	5
chr16	3726146	3729720	7	chr12	51442968	51449618	5
chr2	32399216	32409342	7	chr8	101724685	101725315	5
chr13	95813589	95815864	7	chr2	36669878	36704032	5
chr9	138742307	138758302	6	chr13	96624925	96638587	5
chr3	132400934	132402243	6	chr1	70761944	70779428	4
chr15	101933629	101968097	6	chr2	239090827	239092661	4
chr9	88292497	88296183	6	chr3	56697600	56702425	4
chr22	46098727	46125305	6	chr9	22056386	22063943	4
chr5	170308900	170336665	6	chr12	124934413	124950719	4
chr5	151166276	151170450	6	chr1	197621445	197641167	4
chr1	225156576	225195115	6	chr1	151070478	151079513	4
chr11	47510576	47522413	6	chr5	38991177	39002637	4
chr19	1422395	1428841	6	chr11	57191501	57193462	4
chr1	225373127	225391885	6	chr19	5033042	5047487	4
chr10	70204840	70209785	6	chr20	57242653	57245568	4
chr13	96638686	96648317	6	chr2	36623930	36669758	4
chr10	35805551	35818901	6	chr21	27347541	27354657	4
chr9	96259881	96277949	6	chr5	179250053	179251182	4
chr1	225156576	225190485	6	chr17	80851508	80863812	4
chr12	110825697	110832906	5	chr13	111319820	111335398	4
chr8	101725017	101727690	5	chr2	44139697	44145395	4
chr9	133352348	133355772	5	chr1	155365344	155408118	4
chr17	57812834	57816198	5	chr6	159002027	159006336	4
chr5	73144912	73153481	5	chr5	43297268	43298620	4
chr1	6022009	6029147	5	chr10	69726559	69749968	4
chr6	42585245	42600290	5	chr4	186168532	186185592	4

染色体	供体位点	受体位点	支持读段数	染色体	供体位点	受体位点	支持读段数
chr22	29095925	29105994	4	chr1	6008311	6021854	3
chr19	3548028	3550982	4	chr16	88052273	88066715	3
chr11	57182579	57185221	3	chr5	179134191	179136874	3
chr5	56155742	56161167	3	chr3	195606046	195610028	3
chr2	190656667	190670378	3	chr11	46515754	46563495	3
chr1	151633338	151640948	3	chr17	74286158	74300496	3
chr21	38463713	38467650	3	chr9	139794972	139804372	3
chr10	12042008	12046529	3	chr7	24681487	24703209	3
chr11	46515754	46534277	3	chr5	109155588	109159424	3
chr11	46565591	46568663	3	chr11	85693046	85707869	3
chr16	70572363	70578341	3	chr12	50393516	50396030	3
chr1	234561539	234563322	3	chr3	169854453	169889161	3
chr10	70097090	70098897	3	chr16	47533805	47545576	3
chr17	80767658	80828100	3	chr20	47588962	47591303	3
chr1	233353930	233372591	3	chr4	121706246	121720816	3
chr12	50393054	50394955	3	chr7	157016045	157023774	3
chr16	70572363	70575572	3	chr3	56703819	56705628	3
chr9	22056386	22092307	3	chr10	12139995	12143041	3
chr21	17138460	17163821	3	chr17	17077389	17079740	3
chr8	145245838	145247212	3	chr13	95818621	95829961	3
chr11	66136142	66136840	3	chr5	109124749	109152974	2
chr5	179251323	179260032	3	chr2	69297860	69300154	2
chr15	76165909	76170302	3	chr1	234569317	234582549	2
chr17	20163607	20209336	3	chr12	50856413	50867198	2
chr8	104415552	104419862	3	chr1	44778900	44804717	2
chr8	141829119	141856359	3	chr9	133329760	133339498	2
chr12	51445990	51450133	3	chr18	13037300	13040829	2
chr17	80521424	80529600	3	chr20	17929620	17930776	2
chr18	9122679	9126829	3	chr19	12825983	12826219	2
chr17	74283978	74287096	3	chr17	76395618	76399649	2
chr12	110824274	110832906	3	chr9	99286007	99301360	2
chr12	30814200	30816423	3	chr2	101898519	101905435	2
chr18	19348713	19358064	3	chr12	110824274	110826317	2
chr8	37972518	37976788	3	chr9	114842445	114864456	2

染色体	供体位点	受体位点	支持读段数	染色体	供体位点	受体位点	支持读段数
chr5	50055566	50057655	2	chr17	80915370	80962991	2
chr9	115171301	115181140	2	chr18	76967012	77013381	2
chr17	80851508	80861281	2	chr10	1118233	1125951	2
chr9	125751750	125758320	2	chr1	236976144	236979749	2
chr1	53326543	53332175	2	chr20	50286648	50290692	2
chr15	93545547	93552375	2	chr10	1123943	1130343	2
chr2	32658872	32661121	2	chr16	56419934	56435645	2
chr17	37866134	37866593	2	chr11	78180359	78204109	2
chr2	177162623	177191553	2	chr3	149613347	149629765	2
chr18	13038578	13042203	2	chr17	76388746	76394333	2
chr5	50090166	50092816	2	chr21	44437117	44441413	2
chr16	89961545	89964965	2	chr9	22064017	22096371	2
chr2	61715406	61717777	2	chr19	34687668	34706029	2
chr15	72302788	72313259	2	chr6	99913012	99916413	2
chr3	119219707	119232488	2	chr3	136708407	136714256	2
chr11	3756554	3774546	2	chr1	156713670	156714800	2
chr5	14751348	14758589	2	chrX	67733247	67741214	2
chr7	26232993	26236021	2	chr17	80842078	80858527	2
chr13	77799689	77817194	2	chr4	77055515	77065302	2
chr2	106746234	106774514	2	chr18	13030607	13038369	2
chr20	47589821	47592553	2	chr12	123058927	123060347	2
chr2	233613792	233625190	2	chr10	12133683	12139683	2
chr15	101929769	101938609	2	chr11	18017456	18028138	2
chr3	27475595	27478879	2	chr17	17076129	17079740	2
chr12	129294018	129299320	2	chr20	32878255	32879225	2
chr17	66352945	66381205	2	chr11	126277244	126278202	2
chr20	23375636	23377709	2	chr15	41650456	41663725	2
chr2	172803303	172821859	2	chr1	109954806	109957859	2
chr7	105103197	105108784	2	chr15	59502799	59510090	2
chr19	5047680	5077378	2	chr10	103384567	103432672	2
chr17	19843162	19845139	2	chr5	93987550	93990335	2

附录5 人类HEK293细胞系中环形RNA内部新的可变剪接事件

染色体	供体位点	受体位点	支持读段数	染色体	供体位点	受体位点	支持读段数
chr9	33953472	33960824	120	chr17	36520739	36522170	8
chr14	105911848	105916395	29	chr2	68730035	68740680	8
chr1	225142800	225152181	26	chr3	52780920	52785948	8
chr13	78293806	78317151	23	chr2	136505939	136513087	8
chr1	235647831	235657991	23	chr5	151166276	151170450	8
chr8	1824900	1830801	22	chr9	134322593	134330463	7
chr2	215634036	215657021	18	chr12	53416411	53421799	7
chr9	111843223	111849453	17	chr9	96259881	96277949	7
chr22	42206004	42209268	16	chrX	73051109	73057275	6
chr10	105768114	105777918	15	chr1	146747921	146756024	6
chr1	6012896	6029147	15	chr19	5047680	5077378	6
chr9	134319715	134322472	15	chr8	141874498	141900642	6
chr19	55853414	55854110	14	chr2	242606253	242607955	6
chr10	12126750	12130985	13	chr8	124089497	124096402	6
chr17	19843162	19845139	12	chr7	72880731	72884675	6
chr12	51447643	51450133	12	chr3	33633988	33644444	6
chr10	12131254	12136072	12	chr11	68115711	68131215	6
chr12	111951343	111956053	11	chr10	12155063	12160748	6
chr1	42776781	42789355	11	chr1	233353930	233372591	6
chr1	21076375	21091870	10	chr1	31447649	31454159	6
chr20	47700699	47705784	10	chr1	1275029	1275418	6
chr9	97686457	97717459	10	chr17	35800763	35804798	6
chr11	22232860	22242643	10	chr3	196817897	196842798	5
chr10	12139995	12143041	10	chr16	75651170	75654164	5
chr17	36517658	36522170	10	chr16	70572363	70575572	5
chr12	51442968	51449618	10	chr1	155743001	155746186	5
chr3	47467659	47476498	10	chr2	10784498	10797868	5
chr16	47533805	47545576	9	chr1	6022009	6029147	5
chr3	133894883	133901846	9	chr20	35695524	35696389	5
chr18	13015447	13018479	8	chr9	138742307	138758302	5

染色体	供体位点	受体位点	支持读段数	染色体	供体位点	受体位点	支持读段数
chr15	101970268	101972195	4	chr16	11990642	11991851	3
chr1	28599304	28600551	4	chr7	35184702	35189700	3
chrX	102082072	102100785	4	chr7	151921264	151927008	3
chr13	28752072	28794368	4	chr17	60107012	60108805	3
chr15	101933629	101968097	4	chr1	35847034	35851043	3
chr1	151060773	151065668	4	chr3	142467302	142499676	3
chr11	76169402	76174865	4	chr1	32508320	32510932	3
chr10	15879317	15883425	4	chr20	47700699	47704546	3
chr16	21976826	21982846	4	chr7	140494267	140501212	3
chr10	103552700	103557737	4	chr16	87788898	87795555	3
chr1	46531851	46543187	4	chr7	138210102	138223402	3
chr1	35853205	35855549	4	chr5	74130422	74135899	3
chr11	85733512	85742511	4	chr4	20525800	20530572	3
chr10	116919975	116930795	4	chr4	154214285	154216465	3
chr4	887797	891821	4	chr1	28595759	28598795	3
chr5	145144563	145197457	4	chr4	128842926	128851838	3
chr1	160194339	160195381	4	chr1	243736350	243800913	3
chr9	6421142	6460573	4	chr21	44437117	44441413	3
chr9	88201875	88204443	4	chr3	119219707	119222801	3
chr22	42206295	42209755	4	chr1	878438	879078	3
chr2	36669878	36704032	4	chr13	51504895	51517457	3
chr17	80521424	80529600	4	chr19	34945258	34949674	3
chr1	202409916	202418117	4	chr11	85685855	85692172	3
chr16	71692718	71701081	4	chr17	28598406	28601060	3
chr6	170034621	170038635	4	chr18	19383975	19399456	3
chr1	197576304	197586789	4	chr1	70766591	70779428	3
chr5	122435656	122506460	4	chr1	65095164	65099727	3
chr1	160210160	160231075	4	chr9	125618157	125620948	3
chr5	176370489	176382960	4	chr5	109051965	109091030	3
chr12	50829407	50834222	4	chr4	128854248	128861008	3
chr5	170343588	170346445	4	chr21	44279832	44283550	2
chr17	79244824	79249769	4	chr1	41512270	41536267	2
chr5	171297862	171303289	4	chr15	41657787	41669394	2
chr4	128843118	128854140	3	chr9	111849622	111855755	2

染色体	供体位点	受体位点	支持读段数	染色体	供体位点	受体位点	支持读段数
chr4	83795904	83799883	2	chr7	140482957	140494108	2
chr2	242594062	242606060	2	chr3	47468752	47470003	2
chr4	48380077	48384585	2	chr12	51445990	51450133	2
chr2	204259569	204267299	2	chr6	170034621	170043793	2
chr17	37866134	37866593	2	chr5	179135381	179136874	2
chr1	6008311	6021854	2	chr4	151682999	151727423	2
chr17	44145033	44171926	2	chr21	37775149	37781672	2
chr6	159026379	159029365	2	chr5	179251323	179260587	2
chr17	11984847	12013692	2	chr15	41657787	41667910	2
chr10	12042008	12046529	2	chr20	33935075	33969721	2
chr3	56703819	56705628	2	chr5	179133332	179135240	2
chr21	34614282	34617256	2				

附录6　人类Hs68细胞系中环形RNA内部新的可变剪接事件

染色体	供体位点	受体位点	支持读段数	染色体	供体位点	受体位点	支持读段数
chr2	36623930	36669758	70	chr3	141105779	141122769	10
chr17	995090	1003877	29	chr2	102029533	102033996	10
chr2	68730035	68740680	25	chr9	86293514	86297866	10
chr8	141874498	141900642	24	chr17	36520739	36522170	8
chr2	36623930	36704032	22	chr8	38793568	38803642	8
chr2	215634036	215657021	20	chr12	78362482	78392117	8
chr9	111843223	111849453	18	chr4	1906105	1919868	8
chr9	33953472	33960824	17	chr10	15879317	15883425	7
chr5	5235299	5239264	16	chr9	22056386	22063943	7
chr2	190606177	190609468	13	chr13	30815223	30854200	7
chr11	120918376	120925761	13	chr3	50211783	50214201	7
chr9	117808961	117819432	12	chr1	197614873	197621365	7
chr3	133894883	133901846	12	chr9	134518804	134526197	7
chr18	13015447	13018479	11	chr9	99304174	99324975	7
chr5	148612863	148619322	10	chr10	69726559	69750661	6

染色体	供体位点	受体位点	支持读段数	染色体	供体位点	受体位点	支持读段数
chr12	57677839	57682792	6	chr11	35219793	35226059	4
chr5	148619451	148624444	6	chr13	95813589	95815864	4
chr9	22056386	22092307	6	chr6	170034621	170038635	4
chr10	69748592	69750661	6	chr2	190593547	190602409	4
chr11	35226187	35229652	6	chr7	66240380	66260498	4
chr2	36669878	36704032	6	chr10	12126750	12130985	4
chr9	4118881	4286038	6	chr11	9990092	10011044	4
chr4	121706246	121720816	6	chr4	186168532	186185592	4
chr19	41122926	41125252	6	chr11	120300226	120302480	3
chr13	23930146	23939305	5	chr10	105768114	105777918	3
chr6	170034621	170043793	5	chr7	140268613	140273608	3
chr3	171969331	172013153	5	chr11	126277529	126278202	3
chr2	20508345	20511997	5	chr11	85685855	85692172	3
chr1	59805741	59844421	5	chr3	66457915	66463295	3
chr15	49531564	49575763	5	chr2	173431661	173435454	3
chr2	172309723	172325398	5	chr17	35800763	35804798	3
chr1	6008311	6021854	5	chr2	32626453	32631567	3
chr1	32508320	32510932	5	chr18	56606853	56620750	3
chr17	36517658	36522170	5	chr7	131099469	131122544	3
chr4	128842926	128851838	4	chr1	51869204	51873807	3
chr21	47544834	47545379	4	chr10	103552700	103557737	3
chr9	134319715	134322472	4	chr1	6022009	6029147	3
chr4	185580591	185587071	4	chr7	44005994	44012229	3
chr3	33633988	33644444	4	chr8	145245838	145247212	3
chr1	151070478	151079513	4	chr17	57140009	57148184	3
chr5	38991177	39002637	4	chr8	103358623	103372299	3
chr2	204267457	204281631	4	chr2	36623930	36726362	3
chr5	5182418	5187838	4	chr9	111849622	111855755	3
chr2	214204994	214228800	4	chr17	19843162	19845139	3
chr3	37163182	37170554	4	chr8	141829119	141856359	3
chr20	18285822	18286312	4	chr12	129294018	129299320	3
chr6	170002417	170033043	4	chr22	38934617	38948671	3
chr17	76388746	76394333	4	chr7	121753774	121756687	3

染色体	供体位点	受体位点	支持读段数	染色体	供体位点	受体位点	支持读段数
chr2	62100428	62104055	3	chr17	79244824	79249769	2
chr17	73238992	73239528	3	chr5	64520227	64521913	2
chr10	12131254	12136072	3	chr12	66603981	66610951	2
chr14	35074923	35078844	3	chr10	12123626	12129534	2
chr15	41657787	41667910	3	chr16	12146079	12162914	2
chr19	13186485	13192494	3	chr1	229596516	229600371	2
chr6	42585245	42600290	3	chr17	57812834	57816198	2
chr12	101365184	101381317	3	chr22	46114373	46134611	2
chr15	49531564	49584524	3	chr1	53326543	53332175	2
chr19	41120352	41123006	3	chr9	22065756	22097257	2
chr2	101644894	101650006	3	chr15	50593565	50596163	2
chr9	111800397	111819471	2	chr16	521389	538851	2
chr1	233344435	233353777	2	chr7	23381808	23385559	2
chr8	141810675	141828376	2	chr6	159026379	159029365	2
chr9	99296824	99324975	2	chr19	34949829	34954931	2
chr2	200213896	200298061	2	chr11	3756554	3774546	2
chr14	37754652	37838722	2	chr15	66021585	66023980	2
chr9	96259881	96277949	2	chr14	71514701	71522221	2
chr1	240497529	240555811	2	chr4	1936989	1941381	2
chr2	45774751	45780762	2	chr12	2613705	2614008	2
chr10	99220764	99221585	2	chr1	42776781	42789355	2
chr12	51447643	51450133	2	chr15	30058745	30092849	2
chr9	22064017	22066234	2	chr6	38029551	38084348	2
chr15	76165909	76171439	2	chr17	66352945	66381205	2
chr14	78023489	78036727	2	chr3	123359351	123367818	2
chr11	46515754	46534277	2	chr3	12645788	12650265	2
chr7	65444528	65445211	2	chr15	76584854	76587932	2
chr3	56697600	56702425	2	chr18	76967012	77013381	2
chr2	29366811	29375551	2	chr10	1118233	1125951	2
chr19	45645716	45648112	2	chr5	78945013	78964715	2
chr10	12129728	12139683	2	chr20	32661672	32664508	2
chr22	24434909	24439366	2	chr6	144086935	144095196	2
chr19	5016350	5039847	2	chr12	51442968	51450133	2

染色体	供体位点	受体位点	支持读段数	染色体	供体位点	受体位点	支持读段数
chr10	70723225	70726774	2	chr10	93588163	93593610	2
chr17	36936857	36943076	2	chr8	1824900	1830801	2
chr10	96256929	96267024	2	chr5	80390811	80409357	2
chr1	36297786	36299591	2	chr19	41120352	41125252	2
chr12	64015117	64020249	2	chr7	23015924	23016960	2
chr1	70766591	70779428	2	chr11	85733512	85742511	2
chr11	68341692	68350511	2	chr9	88284493	88292351	2
chr5	5262896	5303685	2	chr5	145144563	145197457	2
chr5	33549488	33576159	2	chr17	982630	994905	2
chr13	77799689	77817194	2	chr10	12139995	12143041	2
chr15	63848947	63852056	2	chr18	19378189	19383868	2
chr14	76644385	76662221	2	chr17	66429716	66431761	2
chr11	35219793	35229652	2	chr13	100909927	100920943	2
chr2	190593547	190606068	2	chr4	151727556	151738276	2
chr4	185580591	185593327	2	chr5	233760	236543	2
chr12	64015117	64038183	2	chr18	76886375	76914504	2
chr12	110824274	110826317	2	chr3	111664204	111672777	2
chr2	203978041	203986977	2	chr3	119222868	119236052	2
chr6	31616528	31616976	2				

附录7　原鸡肌肉组织中环形RNA内部新的可变剪接事件

染色体	供体位点	受体位点	支持读段数	染色体	供体位点	受体位点	支持读段数
chr1	59010299	59014491	153	chr1	900323	905456	6
chr15	3336752	3341860	140	chr14	14005314	14011161	5
chr1	13428346	13432329	60	chr15	3349957	3355090	4
chr10	19134521	19139879	51	chr10	4611546	4613176	4
chr15	3336752	3347646	18	chr1	192031057	192038599	4
chr1	6004457	6024602	16	chr15	3326920	3329024	4
chr12	5169161	5171633	15	chr15	1114442	1129577	3
chr1	49693065	49699093	15	chr1	118421374	118424000	2
chr1	192026567	192036651	12	chr1	70542887	70549029	2
chr1	33536803	33537663	8				

参考文献

[1] Adelman K, Egan E. Non-coding RNA: More uses for genomic junk [J]. Nature, 2017, 543(7644): 183-185.

[2] Sanger H L, Klotz G, Riesner D, et al. Viroids are single-stranded covalently closed circular RNA molecules existing as highly base-paired rod-like structures [J]. Proceedings of the National Academy of Sciences of the United States of America, 1976, 73(11): 3852-3856.

[3] Arnberg A C, Van Ommen G J, Grivell L A, et al. Some yeast mitochondrial RNAs are circular [J]. Cell, 1980, 19(2): 313-319.

[4] Kos A, Dijkema R, Arnberg A C, et al. The hepatitis delta (delta) virus possesses a circular RNA [J]. Nature, 1986, 323(6088): 558-560.

[5] Nigro J M, Cho K R, Fearon E R, et al. Scrambled exons [J]. Cell, 1991, 64(3): 607-613.

[6] Dalgaard J Z, Garrett R A. Protein-coding introns from the 23S rRNA-encoding gene form stable circles in the hyperthermophilic archaeon Pyrobaculum organotrophum [J]. Gene, 1992, 121(1): 103-110.

[7] Capel B, Swain A, Nicolis S, et al. Circular transcripts of the testis-determining gene Sry in adult mouse testis [J]. Cell, 1993, 73(5): 1019-1030.

[8] Cocquerelle C, Mascrez B, Hétuin D, et al. Mis-splicing yields circular RNA molecules [J]. FASEB J, 1993, 7(1): 155-160.

[9] Wang P L, Bao Y, Yee M C, et al. Circular RNA is expressed across the eukaryotic tree of life [J]. PLoS One, 2014, 9(6): e90859.

[10] Ivanov A, Memczak S, Wyler E, et al. Analysis of intron sequences reveals hallmarks of circular RNA biogenesis in animals [J]. Cell Rep, 2015, 10(2): 170-177.

[11] Jeck W R, Sorrentino J A, Wang K, et al. Circular RNAs are abundant, conserved, and associated with ALU repeats [J]. RNA, 2013, 19(2): 141-157.

[12] Salzman J, Chen R E, Olsen M N, et al. Cell-type specific features of circular RNA expression [J]. PLoS Genet, 2013, 9(9): e1003777.

[13] Westholm J O, Miura P, Olson S, et al. Genome-wide analysis of drosophila circular RNAs reveals their structural and sequence properties and age-dependent neural accumulation [J]. Cell Rep, 2014, 9(5): 1966-1980.

[14] Maass P G, Glažar P, Memczak S, et al. A map of human circular RNAs in clinically relevant tissues [J]. J Mol Med (Berl), 2017, 95(11): 1179-1189.

[15] Xia S, Feng J, Lei L, et al. Comprehensive characterization of tissue-specific circular RNAs in the

human and mouse genomes [J]. Brief Bioinform, 2017, 18(6): 984-992.

[16]　Starke S, Jost I, Rossbach O, et al. Exon circularization requires canonical splice signals [J]. Cell Rep, 2015, 10(1): 103-111.

[17]　Liang D, Wilusz J E. Short intronic repeat sequences facilitate circular RNA production [J]. Genes Dev, 2014, 28(20): 2233-2247.

[18]　Kramer M C, Liang D, Tatomer D C, et al. Combinatorial control of Drosophila circular RNA expression by intronic repeats, hnRNPs, and SR proteins [J]. Genes Dev, 2015, 29(20): 2168-2182.

[19]　Zhang X O, Wang H B, Zhang Y, et al. Complementary sequence-mediated exon circularization [J]. Cell, 2014, 159(1): 134-147.

[20]　Kelly S, Greenman C, Cook P R, et al. Exon Skipping is correlated with exon circularization [J]. J Mol Biol, 2015, 427(15): 2414-2417.

[21]　Barrett S P, Wang P L, Salzman J. Circular RNA biogenesis can proceed through an exon-containing lariat precursor [J]. Elife, 2015, 4: e07540.

[22]　Conn S J, Pillman K A, Toubia J, et al. The RNA binding protein quaking regulates formation of circRNAs [J]. Cell, 2015, 160(6): 1125-1134.

[23]　Danan M, Schwartz S, Edelheit S, et al. Transcriptome-wide discovery of circular RNAs in Archaea [J]. Nucleic Acids Res, 2012, 40(7): 3131-3142.

[24]　Salzman J, Gawad C, Wang P L, et al. Circular RNAs are the predominant transcript isoform from hundreds of human genes in diverse cell types [J]. PLoS One, 2012, 7(2): e30733.

[25]　Memczak S, Jens M, Elefsinioti A, et al. Circular RNAs are a large class of animal RNAs with regulatory potency [J]. Nature, 2013, 495(7441): 333-338.

[26]　Zhang Y, Zhang X O, Chen T, et al. Circular intronic long noncoding RNAs [J]. Mol Cell, 2013, 51(6): 792-806.

[27]　Burd C E, Jeck W R, Liu Y, et al. Expression of linear and novel circular forms of an INK4/ARF-associated non-coding RNA correlates with atherosclerosis risk [J]. PLoS Genet, 2010, 6(12): e1001233.

[28]　Hansen T B, Jensen T I, Clausen B H, et al. Natural RNA circles function as efficient microRNA sponges [J]. Nature, 2013, 495(7441): 384-388.

[29]　Fang Y, Wang X, Li W, et al. Screening of circular RNAs and validation of circANKRD36 associated with inflammation in patients with type 2 diabetes mellitus [J]. Int J Mol Med, 2018, 42(4): 1865-1874.

[30]　Hanan M, Soreq H, Kadener S. CircRNAs in the brain [J]. RNA Biol, 2017, 14(8): 1028-1034.

[31]　Holdt L M, Stahringer A, Sass K, et al. Circular non-coding RNA ANRIL modulates ribosomal RNA maturation and atherosclerosis in humans [J]. Nat Commun, 2016, 7: 12429.

[32]   Kristensen L S, Hansen T B, Venø M T, et al. Circular RNAs in cancer: opportunities and challenges in the field [J]. Oncogene, 2018, 37(5): 555-565.

[33]   Li H, Li K, Lai W, et al. Comprehensive circular RNA profiles in plasma reveals that circular RNAs can be used as novel biomarkers for systemic lupus erythematosus [J]. Clin Chim Acta, 2018, 480: 17-25.

[34]   Aufiero S, Reckman Y J, Pinto Y M, et al. Circular RNAs open a new chapter in cardiovascular biology [J]. Nat Rev Cardiol, 2019, 16(8): 503-514.

[35]   Vo J N, Cieslik M, Zhang Y, et al. The landscape of circular RNA in cancer [J]. Cell, 2019, 176(4): 869-881.e13.

[36]   Kristensen L S, Andersen M S, Stagsted L V W, et al. The biogenesis, biology and characterization of circular RNAs [J]. Nat Rev Genet, 2019, 20(11): 675-691.

[37]   Denzler R, Agarwal V, Stefano J, et al. Assessing the ceRNA hypothesis with quantitative measurements of miRNA and target abundance [J]. Mol Cell, 2014, 54(5): 766-776.

[38]   Thomson D W, Dinger M E. Endogenous microRNA sponges: evidence and controversy [J]. Nat Rev Genet, 2016, 17(5): 272-283.

[39]   Piwecka M, Glažar P, Hernandez-Miranda L R, et al. Loss of a mammalian circular RNA locus causes miRNA deregulation and affects brain function [J]. Science, 2017, 357(6357): eaam8526.

[40]   Guo J U, Agarwal V, Guo H, et al. Expanded identification and characterization of mammalian circular RNAs [J]. Genome Biol, 2014, 15(7): 409.

[41]   Li Y, Zheng F, Xiao X, et al. CircHIPK3 sponges miR-558 to suppress heparanase expression in bladder cancer cells [J]. EMBO Rep, 2017, 18(9): 1646-1659.

[42]   Du W W, Yang W, Liu E, et al. Foxo3 circular RNA retards cell cycle progression via forming ternary complexes with p21 and CDK2 [J]. Nucleic Acids Res, 2016, 44(6): 2846-2858.

[43]   Huang G, Zhu H, Shi Y, et al. cir-ITCH plays an inhibitory role in colorectal cancer by regulating the Wnt/β-catenin pathway [J]. PLoS One, 2015, 10(6): e0131225.

[44]   Yu C Y, Li T C, Wu Y Y, et al. The circular RNA circBIRC6 participates in the molecular circuitry controlling human pluripotency [J]. Nat Commun, 2017, 8(1): 1149.

[45]   Li Z, Huang C, Bao C, et al. Exon-intron circular RNAs regulate transcription in the nucleus [J]. Nat Struct Mol Biol, 2015, 22(3): 256-264.

[46]   Ashwal-Fluss R, Meyer M, Pamudurti N R, et al. circRNA biogenesis competes with pre-mRNA splicing [J]. Mol Cell, 2014, 56(1): 55-66.

[47]   Abdelmohsen K, Panda A C, Munk R, et al. Identification of HuR target circular RNAs uncovers suppression of PABPN1 translation by CircPABPN1 [J]. RNA Biol, 2017, 14(3): 361-369.

[48] Zeng Y, Du W W, Wu Y, et al. A circular RNA binds to and activates AKT phosphorylation and nuclear localization reducing apoptosis and enhancing cardiac repair [J]. Theranostics, 2017, 7(16): 3842-3855.

[49] Du W W, Fang L, Yang W, et al. Induction of tumor apoptosis through a circular RNA enhancing Foxo3 activity [J]. Cell Death Differ, 2017, 24(2): 357-370.

[50] Chen N, Zhao G, Yan X, et al. A novel FLI1 exonic circular RNA promotes metastasis in breast cancer by coordinately regulating TET1 and DNMT1 [J]. Genome Biol, 2018, 19(1): 218.

[51] Abe N, Matsumoto K, Nishihara M, et al. Rolling circle translation of circular RNA in living human cells [J]. Sci Rep, 2015, 5: 16435.

[52] Meyer K D, Patil D P, Zhou J, et al. 5' UTR m(6)A promotes cap-independent translation [J]. Cell, 2015, 163(4): 999-1010.

[53] Zhou J, Wan J, Gao X, et al. Dynamic m(6)A mRNA methylation directs translational control of heat shock response [J]. Nature, 2015, 526(7574): 591-594.

[54] Pamudurti N R, Bartok O, Jens M, et al. Translation of circRNAs [J]. Mol Cell, 2017, 66(1): 9-21.e7.

[55] Legnini I, Di Timoteo G, Rossi F, et al. Circ-ZNF609 is a circular RNA that can be translated and functions in myogenesis [J]. Mol Cell, 2017, 66(1): 22-37.e9.

[56] Yang Y, Fan X, Mao M, et al. Extensive translation of circular RNAs driven by N^6-methyladenosine [J]. Cell Res, 2017, 27(5): 626-641.

[57] Zhao J, Lee E E, Kim J, et al. Transforming activity of an oncoprotein-encoding circular RNA from human papillomavirus [J]. Nat Commun, 2019, 10(1): 2300.

[58] Chen X, Han P, Zhou T, et al. circRNADb: A comprehensive database for human circular RNAs with protein-coding annotations [J]. Sci Rep, 2016, 6: 34985.

[59] Yang Y, Gao X, Zhang M, et al. Novel role of FBXW7 circular RNA in repressing glioma tumorigenesis [J]. J Natl Cancer Inst, 2018, 110(3): 304-315.

[60] Zhang M, Huang N, Yang X, et al. A novel protein encoded by the circular form of the SHPRH gene suppresses glioma tumorigenesis [J]. Oncogene, 2018, 37(13): 1805-1814.

[61] Zhang M, Zhao K, Xu X, et al. A peptide encoded by circular form of LINC-PINT suppresses oncogenic transcriptional elongation in glioblastoma [J]. Nat Commun, 2018, 9(1): 4475.

[62] Gao Y, Zhao F. Computational strategies for exploring circular RNAs [J]. Trends Genet, 2018, 34(5): 389-400.

[63] Wang K, Singh D, Zeng Z, et al. MapSplice: accurate mapping of RNA-seq reads for splice junction discovery [J]. Nucleic Acids Res, 2010, 38(18): e178.

[64] Zhang X O, Dong R, Zhang Y, et al. Diverse alternative back-splicing and alternative splicing landscape of circular RNAs [J]. Genome Res, 2016, 26(9): 1277-1287.

[65] Cheng J, Metge F, Dieterich C. Specific identification and quantification of circular RNAs from sequencing data [J]. Bioinformatics, 2016, 32(7): 1094-1096.

[66] Song X, Zhang N, Han P, et al. Circular RNA profile in gliomas revealed by identification tool UROBORUS [J]. Nucleic Acids Res, 2016, 44(9): e87.

[67] Kim D, Pertea G, Trapnell C, et al. TopHat2: accurate alignment of transcriptomes in the presence of insertions, deletions and gene fusions [J]. Genome Biol, 2013, 14(4): R36.

[68] Dobin A, Davis C A, Schlesinger F, et al. STAR: ultrafast universal RNA-seq aligner [J]. Bioinformatics, 2013, 29(1): 15-21.

[69] Langmead B, Trapnell C, Pop M, et al. Ultrafast and memory-efficient alignment of short DNA sequences to the human genome [J]. Genome Biol, 2009, 10(3): R25.

[70] Szabo L, Morey R, Palpant N J, et al. Statistically based splicing detection reveals neural enrichment and tissue-specific induction of circular RNA during human fetal development [J]. Genome Biol, 2015, 16(1): 126.

[71] Chuang T J, Wu C S, Chen C Y, et al. NCLscan: accurate identification of non-co-linear transcripts (fusion, trans-splicing and circular RNA) with a good balance between sensitivity and precision [J]. Nucleic Acids Res, 2016, 44(3): e29.

[72] Langmead B, Salzberg S L. Fast gapped-read alignment with Bowtie 2 [J]. Nat Methods, 2012, 9(4): 357-359.

[73] Gao Y, Wang J, Zhao F. CIRI: an efficient and unbiased algorithm for de novo circular RNA identification [J]. Genome Biol, 2015, 16(1): 4.

[74] Gao Y, Zhang J, Zhao F. Circular RNA identification based on multiple seed matching [J]. Brief Bioinform, 2018, 19(5): 803-810.

[75] Li H. Aligning sequence reads, clone sequences and assembly contigs with BWA-MEM [J]. arXiv, 2013.

[76] Zeng X, Lin W, Guo M, Zou Q. A comprehensive overview and evaluation of circular RNA detection tools [J]. PLoS Comput Biol, 2017, 13(6): e1005420.

[77] Li L, Zheng Y C, Kayani M U R, et al. Comprehensive analysis of circRNA expression profiles in humans by RAISE [J]. Int J Oncol, 2017, 51(6): 1625-1638.

[78] Gaffo E, Bonizzato A, Kronnie G T, Bortoluzzi S. CirComPara: A multi-method comparative bioinformatics pipeline to detect and study circRNAs from RNA-seq data [J]. Noncoding RNA, 2017, 3 (1): 8.

[79] Hansen T B. Improved circRNA identification by combining prediction algorithms [J]. Front Cell Dev Biol, 2018, 6: 20.

[80] Liu Z, Han J, Lv H, et al. Computational identification of circular RNAs based on conformational and thermodynamic properties in the flanking introns [J]. Comput Biol Chem, 2016, 61: 221-225.

[81] Wang J, Wang L. Deep learning of the back-splicing code for circular RNA formation [J]. Bioinformatics, 2019, 35(24): 5235-5242.

[82] Chaabane M, Williams R M, Stephens A T, et al. circDeep: deep learning approach for circular RNA classification from other long non-coding RNA [J]. Bioinformatics, 2020, 36(1): 73-80.

[83] Gao Y, Wang J, Zheng Y, et al. Comprehensive identification of internal structure and alternative splicing events in circular RNAs [J]. Nat Commun, 2016, 7: 12060.

[84] Trapnell C, Williams B A, Pertea G, et al. Transcript assembly and quantification by RNA-Seq reveals unannotated transcripts and isoform switching during cell differentiation [J]. Nat Biotechnol, 2010, 28(5): 511-515.

[85] Pertea M, Pertea G M, Antonescu C M, et al. StringTie enables improved reconstruction of a transcriptome from RNA-seq reads [J]. Nat Biotechnol, 2015, 33(3): 290-295.

[86] Liu J, Yu T, Jiang T, et al. TransComb: genome-guided transcriptome assembly via combing junctions in splicing graphs [J]. Genome Biol, 2016, 17(1): 213.

[87] Metge F, Czaja-Hasse L F, Reinhardt R, et al. FUCHS-towards full circular RNA characterization using RNAseq [J]. PeerJ, 2017, 5: e2934.

[88] Ye C Y, Zhang X, Chu Q, et al. Full-length sequence assembly reveals circular RNAs with diverse non-GT/AG splicing signals in rice [J]. RNA Biol, 2017, 14(8): 1055-1063.

[89] You X, Conrad T O. Acfs: accurate circRNA identification and quantification from RNA-Seq data [J]. Sci Rep, 2016, 6: 38820.

[90] Kanitz A, Gypas F, Gruber A J, et al. Comparative assessment of methods for the computational inference of transcript isoform abundance from RNA-seq data [J]. Genome Biol, 2015, 16(1): 150.

[91] Li M, Xie X, Zhou J, et al. Quantifying circular RNA expression from RNA-seq data using model-based framework [J]. Bioinformatics, 2017, 33(14): 2131-2139.

[92] Patro R, Mount S M, Kingsford C. Sailfish enables alignment-free isoform quantification from RNA-seq reads using lightweight algorithms [J]. Nat Biotechnol, 2014, 32(5): 462-464.

[93] Ma X K, Wang M R, Liu C X, et al. CIRCexplorer3: A CLEAR pipeline for direct comparison of circular and linear RNA expression [J]. Genomics Proteomics Bioinformatics, 2019, 17(5): 511-521.

[94] Zheng Y, Ji P, Chen S, et al. Reconstruction of full-length circular RNAs enables isoform-level quantification [J]. Genome Med, 2019, 11(1): 2.

[95] Zhang J, Chen S, Yang J, et al. Accurate quantification of circular RNAs identifies extensive circular isoform switching events [J]. Nat Commun, 2020, 11(1): 90.

[96]　Wu J, Li Y, Wang C, et al. CircAST: Full-length assembly and quantification of alternatively spliced isoforms in circular RNAs [J]. Genomics Proteomics Bioinformatics, 2019, 17(5): 522-534.

[97]　Xia S, Feng J, Chen K, et al. CSCD: a database for cancer-specific circular RNAs [J]. Nucleic Acids Res, 2018, 46(D1): D925-D929.

[98]　Ji P, Wu W, Chen S, et al. Expanded expression landscape and prioritization of circular RNAs in mammals [J]. Cell Rep, 2019, 26(12): 3444-3460.e5.

[99]　Kim D, Langmead B, Salzberg S L. HISAT: a fast spliced aligner with low memory requirements [J]. Nat Methods, 2015, 12(4): 357-360.

[100]　Ahn J, Xiao X. RASER: reads aligner for SNPs and editing sites of RNA [J]. Bioinformatics, 2015, 31(24): 3906-3913.

[101]　Au K F, Jiang H, Lin L, et al. Detection of splice junctions from paired-end RNA-seq data by SpliceMap [J]. Nucleic Acids Res, 2010, 38(14): 4570-4578.

[102]　Guttman M, Garber M, Levin J Z, et al. Ab initio reconstruction of cell type-specific transcriptomes in mouse reveals the conserved multi-exonic structure of lincRNAs [J]. Nat Biotechnol, 2010, 28(5): 503-510.

[103]　Li W, Jiang T. Transcriptome assembly and isoform expression level estimation from biased RNA-Seq reads [J]. Bioinformatics, 2012, 28(22): 2914-2921.

[104]　Mezlini A M, Smith E J, Fiume M, et al. iReckon: simultaneous isoform discovery and abundance estimation from RNA-seq data [J]. Genome Res, 2013, 23(3): 519-529.

[105]　Maretty L, Sibbesen J A, Krogh A. Bayesian transcriptome assembly [J]. Genome Biol, 2014, 15(10): 501.

[106]　Canzar S, Andreotti S, Weese D, et al. CIDANE: comprehensive isoform discovery and abundance estimation [J]. Genome Biol, 2016, 17: 16.

[107]　Shao M, Kingsford C. Accurate assembly of transcripts through phase-preserving graph decomposition [J]. Nat Biotcchnol, 2017, 35(12): 1167-1169.

[108]　Rizzi R, Tomescu A I, Mäkinen V. On the complexity of minimum path cover with subpath constraints for multi-assembly [J]. BMC Bioinformatics, 2014, 15(S9): S5.

[109]　Glažar P, Papavasileiou P, Rajewsky N. circBase: a database for circular RNAs [J]. RNA, 2014, 20(11): 1666-1670.

[110]　Dong R, Ma X K, Li G W, et al. CIRCpedia v2: an updated database for comprehensive circular RNA annotation and expression comparison [J]. Genomics Proteomics Bioinformatics, 2018, 16(4): 226-233.

[111]　Kopylova E, Noé L, Touzet H. SortMeRNA: fast and accurate filtering of ribosomal RNAs in

metatranscriptomic data [J]. Bioinformatics, 2012, 28(24): 3211-3217.

[112] Suzuki H, Zuo Y, Wang J, et al. Characterization of RNase R-digested cellular RNA source that consists of lariat and circular RNAs from pre-mRNA splicing [J]. Nucleic Acids Res, 2006, 34(8): e63.

[113] Katz Y, Wang E T, Airoldi E M, et al. Analysis and design of RNA sequencing experiments for identifying isoform regulation [J]. Nat Methods, 2010, 7(12): 1009-1015.

[114] Griffith M, Griffith O L, Mwenifumbo J, et al. Alternative expression analysis by RNA sequencing [J]. Nat Methods, 2010, 7(10): 843-847.

[115] Li W V, Li J J. Modeling and analysis of RNA-seq data: a review from a statistical perspective [J]. Quant Biol, 2018, 6(3): 195-209.

[116] Li B, Dewey C N. RSEM: accurate transcript quantification from RNA-Seq data with or without a reference genome [J]. BMC Bioinformatics, 2011, 12: 323.

[117] Bohnert R, Rätsch G. rQuant.web: a tool for RNA-Seq-based transcript quantitation [J]. Nucleic Acids Res, 2010, 38(Web Server issue): W348-W351.

[118] Li J J, Jiang C R, Brown J B, et al. Sparse linear modeling of next-generation mRNA sequencing (RNA-Seq) data for isoform discovery and abundance estimation [J]. Proc Natl Acad Sci USA, 2011, 108(50): 19867-19872.

[119] Li W, Feng J, Jiang T. IsoLasso: a LASSO regression approach to RNA-Seq based transcriptome assembly [J]. J Comput Biol, 2011, 18(11): 1693-1707.

[120] Dempster A P, Laird N M, Rubin D B. Maximum likelihood from incomplete data via the EM algorithm [J]. Journal of the Royal Statistical Society, 1977, 39(1): 1-22.

[121] Wang Z, Ouyang H, Chen X, et al. Gga-miR-205a affecting myoblast proliferation and differentiation by targeting CDH11 [J]. Front Genet, 2018, 9: 414.

[122] Svingen T, Koopman P. Building the mammalian testis: origins, differentiation, and assembly of the component cell populations [J]. Genes Dev, 2013, 27(22): 2409-2426.

[123] Denny P, Swift S, Brand N, et al. A conserved family of genes related to the testis determining gene, SRY [J]. Nucleic Acids Res, 1992, 20(11): 2887.

[124] Zhao L, Koopman P. SRY protein function in sex determination: thinking outside the box [J]. Chromosome Res, 2012, 20(1): 153-162.

[125] Sekido R, Lovell-Badge R. Sex determination involves synergistic action of SRY and SF1 on a specific Sox9 enhancer [J]. Nature, 2008, 453(7197): 930-934.

[126] Arango N A, Lovell-Badge R, Behringer R R. Targeted mutagenesis of the endogenous mouse Mis gene promoter: in vivo definition of genetic pathways of vertebrate sexual development [J]. Cell, 1999, 99(4): 409-419.

[127] Chassot A A, Ranc F, Gregoire E P, et al. Activation of beta-catenin signaling by Rspo1 controls differentiation of the mammalian ovary [J]. Hum Mol Genet, 2008, 17(9): 1264-1277.

[128] Vainio S, Heikkilä M, Kispert A, et al. Female development in mammals is regulated by Wnt-4 signalling [J]. Nature, 1999, 397(6718): 405-409.

[129] Ludbrook L M, Harley V R. Sex determination: a 'window' of DAX1 activity [J]. Trends Endocrinol Metab, 2004, 15(3): 116-121.

[130] Piprek R P. Molecular and cellular machinery of gonadal differentiation in mammals [J]. Int J Dev Biol, 2010, 54(5): 779-786.

[131] DeFalco T, Capel B. Gonad morphogenesis in vertebrates: divergent means to a convergent end. Annu Rev Cell Dev Biol, 2009, 25: 457-482.

[132] Perheentupa A, Huhtaniemi I. Aging of the human ovary and testis [J]. Mol Cell Endocrinol, 2009, 299(1): 2-13.

[133] Liang G, Yang Y, Niu G, et al. Genome-wide profiling of Sus scrofa circular RNAs across nine organs and three developmental stages [J]. DNA Res, 2017, 24(5): 523-535.

[134] Lin X, Han M, Cheng L, et al. Expression dynamics, relationships, and transcriptional regulations of diverse transcripts in mouse spermatogenic cells [J]. RNA Biol, 2016, 13(10): 1011-1024.

[135] Dong W W, Li H M, Qing X R, et al. Identification and characterization of human testis derived circular RNAs and their existence in seminal plasma [J]. Sci Rep, 2016, 6: 39080.

[136] Cai H, Li Y, Li H, et al. Identification and characterization of human ovary-derived circular RNAs and their potential roles in ovarian aging [J]. Aging (Albany NY), 2018, 10(9): 2511-2534.

[137] Cai H, Li Y, Niringiyumukiza J D, et al. Circular RNA involvement in aging: An emerging player with great potential [J]. Mech Ageing Dev, 2019, 178: 16-24.

[138] Trapnell C, Roberts A, Goff L, et al. Differential gene and transcript expression analysis of RNA-seq experiments with TopHat and Cufflinks [J]. Nat Protoc, 2012, 7(3): 562-578.

[139] Huang da W, Sherman B T, Lempicki R A. Systematic and integrative analysis of large gene lists using DAVID bioinformatics resources [J]. Nat Protoc, 2009, 4(1): 44-57.

[140] Kozomara Ana, Griffiths-Jones Sam. miRBase: annotating high confidence microRNAs using deep sequencing data [J]. Nucleic Acids Res, 2014, 42(Database issue): D68-D73.

[141] John B, Enright A J, Aravin A, et al. Human MicroRNA targets [J]. PLoS Biol, 2004, 2(11): e363.

[142] Liao Y, Smyth G K, Shi W. featureCounts: an efficient general purpose program for assigning sequence reads to genomic features [J]. Bioinformatics, 2014, 30(7): 923-930.

[143] Love M I, Huber W, Anders S. Moderated estimation of fold change and dispersion for RNA-seq data with DESeq2 [J]. Genome Biol, 2014, 15(12): 550.

[144] Chou C H, Chang N W, Shrestha S, et al. miRTarBase 2016: updates to the experimentally validated miRNA-target interactions database [J]. Nucleic Acids Res, 2016, 44(D1): D239-D247.

[145] Shannon P, Markiel A, Ozier O, et al. Cytoscape: a software environment for integrated models of biomolecular interaction networks [J]. Genome Res, 2003, 13(11): 2498-2504.

[146] Law N C, Donaubauer E M, Zeleznik A J, et al. How protein kinase A activates canonical tyrosine kinase signaling pathways to promote granulosa cell differentiation [J]. Endocrinology, 2017, 158(7): 2043-2051.

[147] Huang P, Zheng S, Wierbowski B M, et al. Structural basis of Smoothened activation in Hedgehog signaling [J]. Cell, 2018, 174(2): 312-324.e16.

[148] Shi L, Wu J. Epigenetic regulation in mammalian preimplantation embryo development [J]. Reprod Biol Endocrinol, 2009, 7: 59.

[149] Sükür Y E, Kıvançlı I B, Ozmen B. Ovarian aging and premature ovarian failure [J]. J Turk Ger Gynecol Assoc, 2014, 15(3): 190-196.

[150] Kawamura K, Cheng Y, Suzuki N, et al. Hippo signaling disruption and Akt stimulation of ovarian follicles for infertility treatment [J]. Proc Natl Acad Sci USA, 2013, 110(43): 17474-17479.

[151] Zhang X, George J, Deb S, et al. The Hippo pathway transcriptional co-activator, YAP, is an ovarian cancer oncogene [J]. Oncogene, 2011, 30(25): 2810-2822.

[152] Hall C A, Wang R, Miao J, et al. Hippo pathway effector Yap is an ovarian cancer oncogene [J]. Cancer Res, 2010, 70(21): 8517-8525.

[153] Hayashi K, Chuva de Sousa Lopes S M, Kaneda M, et al. MicroRNA biogenesis is required for mouse primordial germ cell development and spermatogenesis [J]. PLoS One, 2008, 3(3): e1738.

[154] Zhong X, Li N, Liang S, et al. Identification of microRNAs regulating reprogramming factor LIN28 in embryonic stem cells and cancer cells [J]. J Biol Chem, 2010, 285(53): 41961-41971.

[155] Marcon E, Babak T, Chua G, et al. miRNA and piRNA localization in the male mammalian meiotic nucleus [J]. Chromosome Res, 2008, 16(2): 243-260.

[156] Sanai N, Alvarez-Buylla A, Berger M S. Neural stem cells and the origin of gliomas [J]. N Engl J Med, 2005, 353(8): 811-822.

[157] Goodenberger M L, Jenkins R B. Genetics of adult glioma [J]. Cancer Genet, 2012, 205(12): 613-621.

[158] Louis D N, Ohgaki H, Wiestler O D, et al. The 2007 WHO classification of tumours of the central nervous system [J]. Acta Neuropathol, 2007, 114(2): 97-109.

[159] Ostrom Q T, Gittleman H, Farah P, et al. CBTRUS statistical report: Primary brain and central nervous system tumors diagnosed in the United States in 2006-2010 [J]. Neuro Oncol, 2013, 15 Suppl 2(Suppl 2): ii1-ii56.

[160] Stupp R, Hegi M E, Mason W P, et al. Effects of radiotherapy with concomitant and adjuvant temozolomide versus radiotherapy alone on survival in glioblastoma in a randomised phase Ⅲ study: 5-year analysis of the EORTC-NCIC trial [J]. Lancet Oncol, 2009, 10(5): 459-466.

[161] Schwartzbaum J A, Fisher J L, Aldape K D, et al. Epidemiology and molecular pathology of glioma [J]. Nat Clin Pract Neurol, 2006, 2(9): 494-516.

[162] Malmer B, Iselius L, Holmberg E, et al. Genetic epidemiology of glioma [J]. Br J Cancer, 2012, 84(3): 429-434.

[163] Semrad T J, O'Donnell R, Wun T, et al. Epidemiology of venous thromboembolism in 9489 patients with malignant glioma [J]. J Neurosurg, 2007, 106(4): 601-608.

[164] Bao S, Wu Q, McLendon R E, et al. Glioma stem cells promote radioresistance by preferential activation of the DNA damage response [J]. Nature, 2006, 444(7120): 756-760.

[165] Agnihotri S, Burrell K E, Wolf A, et al. Glioblastoma, a brief review of history, molecular genetics, animal models and novel therapeutic strategies [J]. Arch Immunol Ther Exp (Warsz), 2013, 61(1): 25-41.

[166] Bush N A, Chang S M, Berger M S. Current and future strategies for treatment of glioma [J]. Neurosurg Rev, 2017, 40(1): 1-14.

[167] Szopa W, Burley T A, Kramer-Marek G, et al. Diagnostic and therapeutic biomarkers in glioblastoma: current status and future perspectives [J]. Biomed Res Int, 2017, 2017: 8013575.

[168] Laug D, Glasgow S M, Deneen B. A glial blueprint for gliomagenesis [J]. Nat Rev Neurosci, 2018, 19(7): 393-403.

[169] Rybak-Wolf A, Stottmeister C, Glažar P, et al. Circular RNAs in the mammalian brain are highly abundant, conserved, and dynamically expressed [J]. Mol Cell, 2015, 58(5): 870-885.

[170] Chen W, Schuman E. Circular RNAs in brain and other tissues: a functional enigma [J]. Trends Neurosci, 2016, 39(9): 597-604.

[171] Sun J, Li B, Shu C, et al. Functions and clinical significance of circular RNAs in glioma [J]. Mol Cancer, 2020, 19(1): 34.

[172] Zhu J, Ye J, Zhang L, et al. Differential expression of circular rnas in glioblastoma multiforme and its correlation with prognosis [J]. Transl Oncol, 2017, 10(2): 271-279.

[173] Xi Y, Fowdur M, Liu Y, et al. Differential expression and bioinformatics analysis of circRNA in osteosarcoma [J]. Biosci Rep, 2019, 39(5): BSR20181514.

[174] Huang N, Li F, Zhang M, et al. An upstream open reading frame in phosphatase and tensin homolog encodes a circuit breaker of lactate metabolism [J]. Cell Metab, 2021, 33(1): 128-144.e9.

[175] Enright A J, John B, Gaul U, et al. MicroRNA targets in Drosophila [J]. Genome Biol, 2003, 5(1): R1.

[176] Gonzàlez-Porta M, Frankish A, Rung J, et al. Transcriptome analysis of human tissues and cell lines reveals one dominant transcript per gene [J]. Genome Biol, 2013, 14(7): R70.

[177] Jiang Z, Yao L, Ma H, et al. miRNA-214 Inhibits cellular proliferation and migration in glioma cells targeting caspase 1 involved in pyroptosis [J]. Oncol Res, 2017, 25(6): 1009-1019.

[178] Zhang J, Gong X, Tian K, et al. miR-25 promotes glioma cell proliferation by targeting CDKN1C [J]. Biomed Pharmacother, 2015, 71: 7-14.

[179] Delic S, Lottmann N, Stelzl A, et al. MiR-328 promotes glioma cell invasion via SFRP1-dependent Wnt-signaling activation [J]. Neuro Oncol, 2014, 16(2): 179-190.

[180] Barbagallo D, Caponnetto A, Cirnigliaro M, et al. CircSMARCA5 inhibits migration of glioblastoma multiforme cells by regulating a molecular axis involving splicing factors SRSF1/SRSF3/PTB [J]. Int J Mol Sci, 2018, 19(2): 480.

[181] Xu H, Zhang Y, Qi L, et al. NFIX circular rna promotes glioma progression by regulating mir-34a-5p via notch signaling pathway [J]. Front Mol Neurosci, 2018, 11: 225.

[182] Wang R, Zhang S, Chen X, et al. CircNT5E acts as a sponge of miR-422a to promote glioblastoma tumorigenesis [J]. Cancer Res, 2018, 78(17): 4812-4825.

[183] Li F, Ma K, Sun M, et al. Identification of the tumor-suppressive function of circular RNA ITCH in glioma cells through sponging miR-214 and promoting linear ITCH expression [J]. Am J Transl Res, 2018, 10(5): 1373-1386.

[184] You X, Vlatkovic I, Babic A, et al. Neural circular RNAs are derived from synaptic genes and regulated by development and plasticity [J]. Nat Neurosci, 2015, 18(4): 603-610.

[185] Zhang Y, Liu H, Li W, et al. CircRNA_100269 is downregulated in gastric cancer and suppresses tumor cell growth by targeting miR-630 [J]. Aging (Albany NY), 2017, 9(6): 1585-1594.

[186] Li W, Zhong C, Jiao J, et al. Characterization of hsa_circ_0004277 as a new biomarker for acute myeloid leukemia via circular RNA profile and bioinformatics analysis [J]. Int J Mol Sci, 2017, 18(3): 597.

[187] Xu N, Chen S, Liu Y, et al. Profiles and bioinformatics analysis of differentially expressed circrnas in taxol-resistant non-small cell lung cancer cells [J]. Cell Physiol Biochem, 2018, 48(5): 2046-2060.

[188] Liang H F, Zhang X Z, Liu B G, et al. Circular RNA circ-ABCB10 promotes breast cancer proliferation and progression through sponging miR-1271 [J]. Am J Cancer Res, 2017, 7(7): 1566-1576.

[189] Zhong Z, Huang M, Lv M, et al. Circular RNA MYLK as a competing endogenous RNA promotes bladder cancer progression through modulating VEGFA/VEGFR2 signaling pathway [J]. Cancer Lett, 2017, 403: 305-317.

[190] Liu Z, Yu Y, Huang Z, et al. CircRNA-5692 inhibits the progression of hepatocellular carcinoma by sponging miR-328-5p to enhance DAB2IP expression [J]. Cell Death Dis, 2019, 10(12): 900.

[191] Goldberg L, Kloog Y. A Ras inhibitor tilts the balance between Rac and Rho and blocks phosphatidylinositol 3-kinase-dependent glioblastoma cell migration [J]. Cancer Res, 2006, 66(24): 11709-11717.

[192] Zou H, Li C, Wanggou S, et al. Survival risk prediction models of gliomas based on IDH and 1p/19q [J]. J Cancer, 2020, 11(15): 4297-4307.

[193] Du W W, Zhang C, Yang W, et al. Identifying and characterizing circRNA-protein interaction [J]. Theranostics, 2017, 7(17): 4183-4191.

[194] Kang D, Lee Y, Lee J S. RNA-binding proteins in cancer: functional and therapeutic perspectives [J]. Cancers (Basel), 2020, 12(9): 2699.

[195] Venkataramani V, Tanev D I, Strahle C, et al. Glutamatergic synaptic input to glioma cells drives brain tumour progression [J]. Nature, 2019, 573(7775): 532-538.